大食物观·水产品科普丛书

U0606256

舌尖上的水产品

——漫话营养与健康

中国水产学会　组编

中国农业出版社

北　京

图书在版编目（CIP）数据

舌尖上的水产品：漫话营养与健康 / 中国水产学会
组编. —北京：中国农业出版社，2024.6
ISBN 978-7-109-31932-5

Ⅰ.①舌… Ⅱ.①中… Ⅲ.①水产品—菜谱②水产品
—食品营养 Ⅳ.①TS972.126②R151.3

中国国家版本馆CIP数据核字（2024）第086771号

舌尖上的水产品：漫话营养与健康
SHEJIANSHANG DE SHUICHANPIN：MANHUA YINGYANG YU JIANDANG

中国农业出版社出版
地址：北京市朝阳区麦子店街18号楼
邮编：100125
责任编辑：肖 邦 李善珂 王金环
版式设计：小荷博睿 责任校对：吴丽婷
印刷：北京中科印刷有限公司
版次：2024年6月第1版
印次：2024年6月北京第1次印刷
发行：新华书店北京发行所
开本：700mm×1000mm 1/16
印张：11
字数：141千字
定价：78.00元

本书编委会

主　　任：张　锋

副 主 任：蒋宏斌

主　　编：蒋宏斌　倪伟锋　邹国华

副 主 编：王虹人　隋　然　郤　禹　李东萍　张　爽

　　　　　王紫阳　王雅妮

编　　者（按姓氏笔画排序）：

　　　　　王虹人　王雅妮　王紫阳　刘　茜　李东萍

　　　　　杨斯杰　邹国华　张　爽　张　翔　郤　禹

　　　　　袁　帅　倪伟锋　隋　然　蒋宏斌

审稿专家：张　弛　黄端杰

　　"民以食为天，健康尤为先"，随着生活水平的提升，我国居民消费需求正在从"吃得饱"向"吃得好""吃得营养""吃得健康"转型，科学合理的膳食正逐步深入人心，鱼虾类摄入相对较高的"东方健康膳食模式"让人们吃得更科学、更健康。

　　水产品是食物安全的重要组成部分，在大食物观下，水产品正逐渐成为老百姓餐桌上的"主角"，在我国居民膳食结构中的比重不断增加。相对畜肉来说，水产品脂肪含量较低，且所含脂肪酸更利于保护心血管系统，《中国居民膳食指南（2022）》提出，动物性食品优先选择水产品，强调每周至少吃 2 次水产品。从营养价值来看，水产品富含蛋白质、脂肪、维生素和矿物质四大营养要素，是人们日常生活中优质动物蛋白的重要来源，具有高蛋白、低脂肪的优点，是平衡膳食的重要组成部分。因此，食用水产品可改善国民日常膳食，提高国民健康水平和生活质量，具有不可估量的社会和经济效益。

　　常见的水产品包括鱼类、虾类、蟹类、贝类和藻类等，随着经济的飞速发展，物流越来越便捷，现在足不出户就能买到天南海北甚至全球的水产品。面对种类繁多的水产品，不管是在菜市场、商超、海鲜餐厅或是网购平台，人们都会遇到疑问——这些水产品能不能吃，好不好吃，该怎么吃？

　　为此，中国水产学会组织编写了《舌尖上的水产品》一书，以满足我国居民消费结构升级的新趋势下，亿万家庭日常生活的实际需求，向大众宣传和普及水产品营养知识，引导人们树立健康的生活理念，享受健康的生活方式，多吃鱼，吃好鱼。书中着重介绍了鱼虾蟹贝藻等常见水产品的营养价值和食用指南，消费者可以根据水产品的营养成分科学安排膳食结构；面对市场上琳琅满目的水产品，书中提供了贴近生活实际的水产品选购与鉴别技巧，让消费者买得放心、吃得安心；针对社会关注度高的水产品热点及有关谣言，本书邀请权威专家进行科学解读和正确引导，让大众了解真相、科学分析、理性消费。

在中国居民的膳食结构中，蛋白质的"量"已经得到了较大改善，而蛋白质的"质"，还需要从畜类蛋白向增加摄入鱼虾蛋白、优质深海蛋白的结构不断调整优化。期盼此书能为广大家庭提供实用的水产品消费和科学食用指南，改善膳食结构，实现营养均衡，提高生活质量，吃出健康人生。

本书在编写过程中得到了许多专家的大力支持，在此表示衷心的感谢！由于编撰时间仓促，如有错误之处，敬请广大读者批评指正。

本书编委会

2024 年 6 月

目录

水产品的选购与储藏

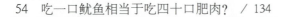

五 吃货的四季品鉴指南

壹

一　食之有道，健康当先
——水产品的营养价值

01 · · · ▶ ▶ ▶ ▶ ▶ ▶ ▶

都说吃鱼好，好处在哪里？

　　我们日常生活中常见的水产品包括鱼、虾、蟹和贝类等，这些食物均富含优质蛋白质、脂类、维生素和矿物质等多种人体必需营养素。

优质蛋白含量高

　　鱼肉中蛋白质含量一般为15%～22%，且均为优质蛋白，其氨基酸的组成与人体内蛋白质氨基酸组成十分相似，更容易被人体吸收利用。

健康的脂质

　　水产品中脂类多由不饱和脂肪酸组成，含有DHA（二十二碳六烯酸）、EPA（二十碳五烯酸）等Ω-3不饱和脂肪酸。和畜禽肉相比，水产品的饱和脂肪酸和胆固醇含量更低，可降低心脑血管疾病的发生风险。

丰富的维生素

　　鱼肉中存在一定数量的维生素和矿物质，是维生素A和维生素D的重要来源，也是维生素B_2的良好来源，维生素E、维生素B_1和烟酸的含量也较高。

丰富的微量元素

水产品钙、钠、氯、钾、镁等元素含量丰富，海水鱼类含碘量尤为丰富。

《中国居民膳食指南（2022）》明确提出，动物性食品"优先选择水产品"。《中国居民膳食指南科学研究报告（2021）》收集了全球45个国家的膳食指南，其中，很多国家的膳食指南中都特别指出鱼虾类食物可以提供其他动物性食物所缺乏的多种营养物质。

死亡风险降低

一项涉及672 389名研究对象的荟萃分析发现，每天吃鱼60克的人群总死亡风险降低了12%。

对中国40～50岁人群进行14年随访的研究发现，与从不吃鱼的人群相比，每日摄入鱼大于68克的人群全因死亡风险降低30%。

脑卒中风险降低

富含不饱和脂肪酸的海鱼鱼肉，可使胆固醇氧化从而降低血浆胆固醇，还可延长血小板的凝聚，抑制血栓形成，从而对防止中风起到积极作用。

一项涉及40多万例18岁以上研究对象的荟萃分析发现，每天吃鱼量每增加100克，脑卒中发

生风险降低14%。

老年痴呆风险降低

《中国居民膳食指南科学研究报告（2021）》中提到，增加鱼肉摄入可降低冠心病的发病和死亡风险，降低多项心脑血管疾病、老年痴呆与认知障碍、全因死亡与女性抑郁症的发生风险，还可增强儿童认知功能。

一项对中国65岁以上老年人群随访5.3年的队列研究发现，与每周吃鱼低于100克的人相比，每周吃鱼大于100克的人认知下降率平均降低了35%。

因此，为了我们的健康，日常饮食中可适当增加鱼虾类的摄入量，如果嫌吃鱼麻烦，可以选择已经处理好的鱼肉，方便烹饪，快捷享用。同时，也不必追求特别的水产品品种，常见的淡水鱼也极富营养。

02

常见淡水鱼的营养价值如何？

随着我国居民生活和消费水平的日益提高，人们越来越注意饮食的健康。鱼类作为一种高蛋白、低脂肪、营养丰富的健康食品，具有强身健脑等功效，在人们的食物结构中逐渐占据重要地位。

与畜肉相比，鱼肉的肌纤维短，且含水分多、脂肪少、结缔组织少，肉质细嫩，更易消化吸收。据报道，其平均消化率可达97%。

草鱼、鲢鱼、鳙鱼、鲤鱼、鲫鱼、鳊鱼是我国养殖产量较高的淡水鱼品种，罗非鱼、鲈鱼、黄颡鱼、乌鳢等特种水产品近几年也越来越受欢迎，这些常见淡水鱼的营养价值究竟如何？一起来看看研究分析结果。

草鱼

草鱼是我国重要的淡水经济鱼类，产量占我国淡水养殖鱼类产量的1/5，是我国淡水养殖鱼类中产量最大的品种，与鲢鱼、鳙鱼和青鱼并称为"四大家鱼"。

草鱼全鱼各成分处于适中水平，每100克可食部分含水分77.3克，蛋白质16.6克，脂肪5.2克，钙38毫克，磷203毫克，铁0.8毫克，具有低脂、高蛋白的特点。蛋白质中氨基酸尤其是必需氨基酸的组成、含量是评价鱼肉蛋白质营养价值的重要指标之一。草鱼肉中的氨基酸含量丰富，包含4种鲜味氨基酸和7种必需氨基酸。草鱼肉中的不饱和脂肪酸含量高达

72%。人体对不饱和脂肪酸的消化吸收率高，有利于血液循环。

因此，草鱼具有丰富的营养价值，多食用草鱼肉可以摄入相应的营养物质，对于提高免疫力、益智发育以及预防心血管疾病等具有重要作用。

鲢鱼

鲢鱼肌肉中蛋白质含量约为18.40%，粗脂肪含量为0.60%，富含人体所需的钾、钠、钙、镁、磷等常量元素及铁、锰、锌、硒等微量元素。在鲢鱼肌肉中，18种常见氨基酸均被检出，其中谷氨酸含量高，必需氨基酸占氨基酸总量的40%，必需氨基酸指数为99.15。鲢鱼肌肉中检出12种脂肪酸，相对含量表现为多不饱和脂肪酸＞饱和脂肪酸＞单不饱和脂肪酸，多不饱和脂肪酸以二十二碳六烯酸（DHA）相对含量最高，其次为二十碳五烯酸（EPA），两者之和为30.64%。研究结果表明，鲢鱼是良好的蛋白质来源，氨基酸组成合理，富含矿物质和有益脂肪酸，具有很高的营养价值和可食用性。

此外，鲢鱼脑中丰富的磷脂及其结合的大量PUFA（多不饱和脂肪酸），对于增强记忆、防治心血管疾病及癌症具有积极意义。

鳙鱼

鳙鱼肉粗蛋白含量高达17.90%，粗脂肪含量为0.70%，是一种高蛋白质、低脂肪的优质食物。鳙鱼肉中的必需氨基酸含量为44.94%，且氨基酸组成均衡合理，易被人体吸收利用。鳙鱼各部位中不饱和脂肪酸含量远高于饱和脂肪酸，约是后者的2倍。

而备受欢迎的鳙鱼头，营养丰富、氨基酸和脂肪酸组成合理，也是优质的食物来源。鳙鱼脸肉和鱼脑中检出26种脂肪酸，鳃边肉中检出25种脂肪酸；鳙鱼头可食用部分的 Ω-3 多不饱和脂肪酸与 Ω-6 多不饱和脂肪酸的比值为1.80～1.86，符合中国营养学会推荐的理想比值。

鲤鱼

鲤鱼肌肉营养成分的组成，随品种和生长阶段而有所变异，其变化范围为：蛋白质14.8%～20.5%，脂肪1.1%～8.7%。可食部分占鱼体重的52.02%。蛋白质中数种人体必需氨基酸的含量都比较高。每100克可食部分含糖类0.2克，热量88～115千卡*；钙28.0毫克，磷175～407毫克，铁0.5～1.6毫克，以及多种维生素。

鲫鱼

鲫鱼为我国重要食用鱼类之一，肉质细嫩，肉味甜美，营养价值很高，每100克可食部分含蛋白质18克，脂肪1.6克，钙79毫克，磷157毫克，铁1.3毫克。

罗非鱼

罗非鱼肉肥而刺少，是目前较为物美价廉的鱼类，被世界营养协会誉为"未来动物性蛋白质的主要来源之一"。罗非鱼的腹肌以生产加工罗非鱼片为主。

罗非鱼腹肌含有约18.47%的粗蛋白、3%～5%的粗脂肪、1.26%的灰分，还含有钙、钠、磷等矿物质、以及维生素、磷脂和软骨素。罗非鱼鱼头含有硫酸软骨素。硫酸软骨素

---

*：卡路里为非法定计量单位。1卡路里 ≈ 4.185 9 焦耳。

具有促进动脉循环、抗炎抗血凝和防衰老等功效。罗非鱼鱼头粗脂肪含量较高，约为28.22%，可提取油脂（鱼油）。鱼油是一种重要的功能性油脂，富含多不饱和脂肪酸（PUFA）。EPA（二十碳五烯酸）和DHA（二十二碳六烯酸）等鱼油的特征脂肪酸，它们在人体内不能合成而需要从食物中摄取，对人具有重要的生物学意义。罗非鱼鱼头油脂含有约7.87%的Ω-3 PUFA和19.56%的Ω-6 PUFA，因此具有较高的营养价值。

部分研究表明，罗非鱼皮含有26.91%的胶原蛋白，而且含油率高（24.79%），其营养价值也较高，DHA与EPA约占3%。

鳊鱼

鳊鱼主要是指常见的长春鳊、团头鲂(武昌鱼)和三角鲂。鳊鱼含有丰富的优质蛋白质、不饱和脂肪酸、维生素D等物质，营养价值很高。此外，鳊鱼还含有大量的磷和烟酸，可以起到补脑和软化血管的作用。

研究显示，三角鲂肌肉蛋白质、脂肪含量分别为18.19%和3.06%，其肌肉中检测出18种氨基酸，氨基酸总量为76.27%，其中，8种人体必需氨基酸含量为32.17%，占氨基酸总量的42.18%。必需氨基酸的构成比例基本符合FAO/WHO的标准。三角鲂脂肪酸中EPA与DHA含量为7.96%。

长春鳊肌肉蛋白质、脂肪含量分别为19.38%和2.89%。其肌肉中检测出18种氨基酸，氨基酸总量为77.60%，其中，8种人体必需氨基酸含量为31.70%，占氨基酸总量的40.85%。必需氨基酸的构成比例基本符合FAO/WHO的标准。长春鳊脂肪酸中EPA与DHA含量为3.11%。

三角鲂和长春鳊均为营养价值、经济价值都较高的优质鱼类，相比而言，三角鲂肌肉脂肪、脂肪酸含量和质量更优，而长春鳊肌肉在蛋白质、氨基酸组成与含量方面更优。

团头鲂肌肉中水分含量为74.36%～78.23%，灰分含量为1.24%～1.32%，粗蛋白含量为18.38%～20.14%，粗脂肪含量为1.51%～2.07%。团头鲂肌肉中氨基酸以谷氨酸含量最高，谷氨酸是重要的鲜味剂，有较高的营养价值，当其被人体吸收后，易与血氨形成谷氨酰胺，解除代谢过程中氨的毒害作用，可保护肝脏，并且对鱼类风味起到关键作用。团头鲂肌肉中精氨酸含量也较高，精氨酸不仅对人体生长有益，还能增加呈味的复杂性、程度以及提高鲜度，能够与谷氨酸、甘氨酸、丙氨酸等构成鱼肉特有的风味。

鲈鱼

鲈鱼包括多个种类，如大口黑鲈、花鲈等，以我们常见的大口黑鲈为例，其肌肉蛋白质含量约为18%，灰分含量1.30%，肌肉中17种氨基酸总量为15%，其中必需氨基酸占氨基酸总量的44%以上。

根据FAO/WHO（1973）提出的氨基酸评分标准，质量较佳的蛋白质其氨基酸组成为必需氨基酸/总氨基酸在40%左右，必需氨基酸/非必需氨基酸在60%以上，大口黑鲈的蛋白质符合法标准，是高品质的蛋白来源。

黄颡鱼

黄颡鱼富含蛋白质，钙、磷、钾、钠、镁等矿物元素，营养价值高。黄颡鱼肌肉粗蛋白含量约为16%，检测出18种氨基酸。各可食部分的氨基酸总量、必需氨基酸总量、风味氨基酸总量都较高。其中赖氨酸的含量高于鸡蛋蛋白质中的赖氨酸含量。

乌鳢

随着预制菜的兴起和流行，黑鱼片成为餐桌新宠，市面上的黑鱼为乌鳢或杂交鳢。乌鳢鱼肉中检出氨基酸16种，其中必需氨基酸6种、非必需氨基酸10种，必需氨基酸含量为43.12%。根据FAO/WHO优质蛋白的理想模式，必需氨基酸的含量在40%左右，而必需氨基酸与非必需氨基酸的比值应大于60%。乌鳢符合优质蛋白的标准。

乌鳢肌肉中的粗蛋白含量达19.13%，粗脂肪含量为0.88%。由此可

见，乌鳢肌肉是一种高蛋白、低脂肪的优质食品。

乌鳢肌肉中必需氨基酸含量丰富，并且易于人体吸收，营养价值高，尤其是其赖氨酸氨基酸评分高达 1.41，化学评分高达 1.08。这对于我国以谷物食品为主、以蛋类食品为辅的膳食结构非常有利，可弥补日常膳食中赖氨酸的不足，提高人体对食物中蛋白质的利用率。

乌鳢肌肉中EPA占脂肪酸总量的0.96%，DHA占脂肪酸总量的3.65%。现已证明，EPA和DHA具有很强的生理活性，是人类生长发育的必需脂肪酸，具备抗炎、调理血液中的脂肪沉积等许多益处，对肝脏、心脏、大脑等均有促进作用。由此可见，乌鳢肌肉具有一定的保健功效和药用价值。

《中国居民膳食指南（2022）》提出了平衡膳食八条准则，食物多样是平衡膳食模式的基本原则。每天的膳食应包括谷薯类、蔬菜水果类、畜禽鱼蛋奶类、大豆坚果类等食物。建议平均每天至少摄入12种食物，每周25种以上。其中，动物性食物优选鱼和禽类，鱼和禽类脂肪含量相对较低，鱼类含有较多的不饱和脂肪酸，推荐每周吃水产类280～525克。

03

『国鱼』大黄鱼有哪些营养价值?

大黄鱼是我国近海主要经济鱼类,亦为传统"四大海产"(大黄鱼、小黄鱼、带鱼、乌贼)之一,因肉质细嫩洁白、营养丰富,深受消费者喜爱。

据检测分析,养殖大黄鱼肌肉的蛋白质含量约为17.40%,脂肪含量为12.40%,属于高蛋白质高脂鱼类。

大黄鱼氨基酸构成齐全,每100克干重中氨基酸总量为57.03克。其中,谷氨酸含量最高,其次为天门冬氨酸和赖氨酸。必需氨基酸占总氨基酸的42.75%,必需氨基酸与非必需氨基酸的比值为74%。根据FAO/WHO的理想模式,养殖大黄鱼肌肉氨基酸组成均高于评价标准,因此是一种优质的蛋白源。

养殖大黄鱼的鲜味氨基酸总量为24.41%(干重),占氨基酸总量的42.81%,因此养殖大黄鱼味道较为鲜美。

养殖大黄鱼肌肉中的必需氨基酸含量高于

FAO/WHO标准，低于鸡蛋蛋白标准；养殖大黄鱼的氨基酸评分均大于1，化学评分均大于0.6，食物蛋白质的氨基酸评分越接近1，则越接近人体需要，营养价值越高。其中，赖氨酸的氨基酸评分值最高，超过氨基酸评分标准的1.93倍。赖氨酸是谷类蛋白质的第一限制氨基酸，因此，对于以谷物膳食为主的国人膳食结构而言，食用大黄鱼可弥补赖氨酸的不足，提高人体对蛋白质的利用率。

养殖大黄鱼肌肉脂肪酸的组成中，饱和脂肪酸有3种，含量占33.2%；不饱和脂肪酸有7种，含量占43.2%；多不饱和脂肪酸有4种，含量占18.9%。

养殖大黄鱼矿物质元素丰富，含有钾、磷、钠、钙、镁等宏量元素以及铜、锌等微量元素。

综上，养殖大黄鱼的蛋白质含量较高，氨基酸种类齐全，比例均衡，必需氨基酸组成符合人体需求，鲜味氨基酸含量丰富，是一种优质的蛋白源。养殖大黄鱼富含多种常量及微量元素，且锌铜含量比较合理。脂肪酸种类丰富，不饱和脂肪酸的含量约为饱和脂肪酸的3倍，其中EPA+DHA含量丰富，高于一些淡水及海水鱼类。因此，食用大黄鱼对人体有很好的补益作用。对体质虚弱的中老年人来说，食用大黄鱼也具有很多的食疗效果。

除了鱼肉外，大黄鱼的鱼鳔也备受欢迎，俗称黄花胶或黄鱼肚。黄花胶拥有双层肉质，口感好、腥味小、弹性强、价格适中，是大众鱼胶品种之一。大黄鱼鱼鳔营养价值也比较高，每100克中呈味氨基酸含量达58.55克，甘氨酸、丙氨酸、精氨酸等功能性氨基酸含量较高；脂肪酸以单不饱和脂肪酸和多不饱和脂肪酸为主，含量分别可达到13.09%和55.13%；鱼鳔的钾、钠、钙、铁、锌含量较高，可作为补钙和补铁的良好食物来源。

04 ﹥﹥﹥﹥﹥﹥﹥

"江上往来人 但爱鲈鱼美"，鲈鱼是补充 EPA 和 DHA 的优质食用鱼

我们常吃的鲈鱼有淡水鲈鱼和海水鲈鱼两类。淡水鲈鱼常见的有大口黑鲈（加州鲈）、河鲈（五道黑）；海水鲈鱼常见的有花鲈，白蕉海鲈即是其中的佼佼者。

大口黑鲈（加州鲈）

大口黑鲈的蛋白质含量为 16.70%，高于鸡蛋蛋白质含量（14%）。全鱼脂肪含量为 5.44%，内脏脂肪含量为 25.99%。

大口黑鲈鱼肉中氨基酸种类有 16 种，其中有 9 种必需氨基酸和 7 种非必需氨基酸，谷氨酸含量（2.70%）最高。氨基酸总量为 17.34%，必需氨基酸总量为 8.88%，鲜味氨基酸为 6.53%，必需氨基酸／氨基酸总量为51.21%，鲜味氨基酸／氨基酸总量为 37.66%。

大口黑鲈鱼肉共检测出 24 种脂肪酸，其中饱和脂肪酸 10 种，单不饱和脂肪酸 6 种，多不饱和脂肪酸 8 种。不饱和脂肪酸与脂肪酸总量比值为48.1%。EPA 含量为 12.5%，DHA 含量为 18.0%，大口黑鲈是人体补充EPA 和 DHA 的优质食用鱼类。

海鲈

海鲈的蛋白质含量为 20.30%，高于鸡蛋蛋白质含量。全鱼脂肪含量为 1.58%，内脏脂肪含量为 72.24%，是提取鱼油的好材料。

海鲈鱼肉中的氨基酸种类有16种，其中有9种必需氨基酸和7种非必需氨基酸，谷氨酸含量（3.01%）最高。氨基酸总量为19.12%，必需氨基酸总量为9.72%，鲜味氨基酸为7.29%，必需氨基酸／氨基酸总量为50.84%，鲜味氨基酸／氨基酸总量为38.13%。

海鲈鱼肉中共检测出24种脂肪酸，其中饱和脂肪酸10种、单不饱和脂肪酸6种、多不饱和脂肪酸8种。不饱和脂肪酸与脂肪酸总量比值为63.9%。海鲈鱼的EPA含量为6.4%，DHA含量为12.8%。人体自身不能合成亚油酸和亚麻酸，经常食用海鲈鱼可有效补充亚油酸和亚麻酸。

综合来看，不管是海鲈还是大口黑鲈，它们的氨基酸种类齐全且必需氨基酸含量较高，是营养价值较高的水产食物蛋白。

海鲈鱼的鲜味氨基酸中谷氨酸含量最高，肉味更鲜甜。两种鲈鱼的氨基酸组成接近人体氨基酸需求模式，是优秀的、平衡的优质蛋白质来源。

海鲈鱼和大口黑鲈中赖氨酸的氨基酸评分分别为1.79和2.01，化学评分分别为1.38和1.55，远高于人体的氨基酸营养模式，高于鸡蛋中赖氨酸含量。赖氨酸是人体所需的重要氨基酸，而大多数食物中赖氨酸含量相对较少，所以食用海鲈鱼和大口黑鲈可以有效强化和补充赖氨酸。

海鲈鱼和大口黑鲈含有丰富的矿物元素，钾、钙、钠、镁、铁、锌、铜、磷、硒等一应俱全，是人体摄取和补充钾、钙、锌的优质食物。

05 ► ► ► ► ► ► ►

鳗鱼：千万人每月至少吃一次 营养价值堪称 "食物界No.1"

　　随着国民收入增长、鱼文化的普及，国内鳗鱼消费圈层正在不断扩大。有数据显示，超1 000万中国人每月至少吃1次鳗鱼，北京、上海消费者成为鳗鱼高频消费群体。

　　鳗鱼素有"软黄金""水中人参"之称，以肉质鲜美、营养丰富而著称，鳗鱼肌肉和肝的维生素A含量特别高，历来被视为优质食用鱼类。

营养价值高

　　和大多数鱼类一样，鳗鱼富含优质蛋白质，而且纤维细更易消化。每100克生鲜鳗鱼含水分61.1克、蛋白质16.4克、脂质21.3克、糖类0.1克、灰分1.1克、矿物质95毫克、维生素230毫克，还含有钙、磷、铁、

钠、钾等物质。

数据显示，烤鳗的粗蛋白含量是牛奶的7倍，粗脂肪含量是鸡肉的2.3倍，维生素B_1、维生素B_2和维生素A含量分别是牛奶的25倍、5倍和45倍，锌含量是牛奶的9倍。

"脑黄金"DHA、EPA含量高

鳗鱼富含DHA和EPA，每100克中含量分别高达47毫克和198毫克，比大黄花鱼、小黄花鱼、带鱼、海鲈鱼、鳕鱼都高，更远远高于其他淡水鱼。

DHA和EPA被称为"脑黄金"，属于Ω-3不饱和脂肪酸的重要成员。DHA不仅有助婴幼儿的大脑和视力发育，还可以延缓老年人大脑和眼部衰老。大量研究证实，吃富含DHA食物较多的人群，心脑血管疾病发病率较低。DHA也有助于老年人预防大脑功能衰退与老年痴呆症。DHA和EPA还被证实有预防心血管疾病的重要作用。

可预防视力退化

维生素A含量高

鳗鱼肉不仅含有人体需要的丰富的氨基酸，还含有丰富的维生素。其维生素A的含量是一般鱼类的60倍，维生素E的含量是一般鱼类的9倍，多吃鳗鱼对儿童、妇女、中老年人的健康和延缓人体衰老等都有重要的功效。

由于富含维生素A，鳗鱼是夜盲症人群的优良食品，还可以预防儿童视力退化、保护肝脏、恢复精力。数据显示，100克烤鳗中含维生素A 5 000国际单位，相当于禽畜的10倍

以上，人体日需2 600国际单位，只要50克烤鳗就能满足人体每日维生素A的需求。

维生素B_1具有增进食欲、消除夏困等作用，成人日需0.4～0.6毫克，100克烤鳗含维生素B_1 0.75毫克，相当于禽畜肉的7～20倍。

维生素B_2可防治口腔溃疡，成人日需0.4～0.6毫克，100克烤鳗含维生素B_2 0.75毫克，吃50～100g烤鳗就可满足人体每日之需。

维生素E可抗衰老、护肤、美容，成人日需量为50毫克，烤鳗中维生素E含量是羊肉的10倍，吃200克烤鳗即可满足人体每日的需要。

据报道，鳗鱼还含有相当分量的维生素B_{12}、维生素D。现有多项研究证实，维生素A、维生素B_{12}、维生素D等可以为人体免疫系统提供重要支持。其中，维生素A对眼睛健康和皮肤健康有益；维生素B_{12}的缺乏会使得人体内形成巨幼细胞，从而导致贫血风险的增加；而维生素D则在人体内发挥了一定"激素"的作用，有助于骨骼健康。

胶原蛋白丰富

鳗鱼的皮、肉都含有丰富的胶原蛋白，可以养颜美容、延缓衰老，鳗鱼也被称为"可吃的化妆品"。

人类钙质的天然供给者

鳗鱼脊椎骨中几乎没有杂质，依靠现代生物技术可以提取出高纯度的鳗钙，鳗鱼脊椎骨钙磷比例接近2：1，与母乳天然吻合，被公认为"理想的天然生物钙源""人类钙质的天然供给者"。

此外，鳗鱼中还含有一定的维生素B_1（硫胺素），已有研究发现硫胺素与减缓阿尔兹海默病的发病风险正向相关。不过，需要注意的是，生鳗鱼中含有对人类有害的毒素，因此鳗鱼在食用时必须煮熟。

如此优秀的鳗鱼，如今已成为国人的高频热选菜品。某平台2022年发布的数据显示，2021年超50万"鳗鱼深度爱好者"每月至少吃3次鳗鱼，规模相比2020年增幅超75%。鳗鱼菜品在国内呈爆发式增长，2021年鳗鱼相关菜品种类超过6万种，比2019年增长66%。鳗鱼相关餐饮商户数连续两年增幅超14%。通过外卖，鳗鱼走进千万家庭餐桌，2021年，某外卖平台鳗鱼类外卖订单同比2020年增长超37%，50元以下的鳗鱼菜品订单总量同比2020年增长30%。

三文鱼：Ω-3不饱和脂肪酸含量最高的鱼类之一

在我国市场上，通常说的三文鱼不是单指某种鱼，而是鲑鳟鱼类的商品名统称，包含大西洋鲑、太平洋鲑、虹鳟等多个种类。随着经济和生活水平的不断提高，人们对水产品的消费需求迅速增长。三文鱼在众多的水产品中，以其独特的口味、丰富的营养，受到越来越多人的青睐。

Ω-3不饱和脂肪酸含量最高的鱼类

三文鱼含有丰富的不饱和脂肪酸，是鱼类中Ω-3不饱和脂肪酸含量最高的鱼类之一。以挪威三文鱼为例，每100克挪威三文鱼含Ω-3不饱和脂肪酸2.7克。一份150克挪威三文鱼能提供1～7克Ω-3脂肪酸［二十碳五烯酸（EPA）、二十二碳五烯酸（DPA）和二十二碳六烯酸（DHA）］。国际脂肪酸和脂质研究学会建议每天摄取650毫克的EPA和DHA预防心脑血管疾病。因此，建议一周进食两次含丰富脂肪酸的鱼类来摄取Ω-3脂肪酸。

经常食用三文鱼，能有效降低血压、胆固醇及心脏病的发病率。其所含的Ω-3不饱和脂肪酸更是脑部、视网膜及神经系统必不可少的物质，有增强脑功能、防治老年痴呆和预防视力减退的功效。在鱼肝油中该物质的含量更高。

科学数据表明，人体摄入足量的必需脂肪酸 Ω-3，对达到最佳的心理健康和大脑机能至关重要，甚至可以提高智力水平。Ω-3脂肪酸还有助于修复在运动中受损的细胞。

"两高两低"的三文鱼

高维生素和矿物质：三文鱼富含维生素 A、维生素 B_1、维生素 B_2、维生素 B_3、维生素 D、维生素 E，且是钙、铁、锌、镁和磷等矿物质的良好来源。因富含维生素 D，故能促进机体对钙的吸收利用，有助于生长发育。

维生素 A 的主要形式为视黄醇，视黄醇与视网膜功能息息相关，是制造眼内视力色素的重要原料。维生素 A 对骨骼形成、保持完整的黏膜和预防感染也十分重要。

维生素 B_{12} 是合成红细胞的重要元素，缺乏维生素 B_{12} 可导致贫血。

高蛋白和氨基酸：每100克挪威三文鱼含18.4克蛋白质和19.8克氨基酸。

低热量：每100克挪威三文鱼含低于150千卡的热量。

低胆固醇：每100克挪威三文鱼含低于70毫克的胆固醇。

因此，三文鱼老少皆宜，特别是对心血管疾病患者和脑力劳动者、应试学生更加有益。

抗氧化剂：虾青素

三文鱼中还有一种强效抗氧化成分，即虾青素，三文鱼肉的橙红色即来源于此。虾青素能有效抗击自由基，延缓皮肤衰老，对人体具有高效的抗氧化功能。

具美容养颜功效

大量研究证实，胶原蛋白流失是造成皮肤松弛、缺乏弹性，抵抗力降低，出现皱纹、色斑等肌肤问题的主要原因，而缺乏羟脯氨酸和脯氨酸是造成胶原蛋白流失的主要原因。羟脯氨酸主要存在于动物的胶原蛋白中，是胶原蛋白的标志性成分，其他蛋白质中基本不含羟脯氨酸。人体内要合成胶原蛋白，羟脯氨酸是必不可少的，羟脯氨酸只有通过脯氨酸羟基化而形成，因此只有摄入足够的脯氨酸才能合成胶原蛋白。

实验结果表明，脯氨酸在三文鱼肌肉中含量较为丰富，经常吃三文鱼，可以增强人体合成胶原蛋白的能力，从而达到美容养颜、减少皱纹的功效。

另外，三文鱼营养成分齐全，蛋白质含量较高，不仅必需氨基酸种类齐全，而且必需氨基酸之间的比例适宜，更有利于人体对营养物质的吸收。因此，三文鱼是补充人体营养物质的理想食物来源。

07

河鲀：美味的"百鱼之王"

"蒌蒿满地芦芽短，正是河豚欲上时""毗陵二月柳花天，菘笋河豚已荐筵""白下酒家檐，河豚荻笋尖""正值江干春未晚，蒌蒿荻笋煮河豚"……从一首首古诗中，我们可以感受到人们对河鲀的喜爱和向往。其中，北宋文学家苏轼更是不折不扣的食用河鲀的老饕。苏门四学士之一的张耒在《明道杂志》中说，元祐七年苏轼守扬州，"河豚出时，每日食之"。陶宗仪在《南村辍耕录》中说："东坡先生在资善堂与人谈河豚之美，云：'据其味，真是消得一死。'"

春日里，美味又危险的河鲀，有人对它心心念念，有人对它望而生畏，甚至自古就流传"拼死吃河豚"一说。虽然河鲀体内含有剧毒的河鲀毒素，但实际上，河鲀并不生产河鲀毒素，河鲀体内的河鲀毒素是受食物链和微生物双重影响的结果。

为了解决有人为了品尝其美味而中毒的问题，1993年，经卫生部批准，我国相关管理部门成立了"全国河鲀鱼安全利用协作组"，开展养殖河鲀鱼食用安全研究。研究结果证实，养殖河鲀的毒素含量与野生河鲀相比明显降

低，经过无毒加工处理，可安全食用。

2016年，农业部和国家食品药品监督管理总局联合发布《有关有条件放开养殖红鳍东方鲀和养殖暗纹东方鲀加工经营的通知》，宣告河鲀正式地、有限度地放开。按照规定，野生河鲀依然禁止加工经营。放开的品种仅限养殖红鳍东方鲀与养殖暗纹东方鲀，并经具备条件的农产品加工企业加工后方可销售。加工企业的河鲀应来源于经农业部备案的河鲀鱼源基地。另外，只是放开了河鲀鱼加工制品，依然禁止销售河鲀活鱼及整鱼。养殖河鲀鱼的可食部位为皮和肉（可带骨），不包含卵巢、肝脏等部位。普通消费者切勿自行烹调食用来源不明的河鲀，以免发生中毒。

自古民谚说："不食河豚，焉知鱼味？食了河豚，百鲜无味。"人们心心念念的河，到底有多美味？原来，河鲀除了味道特别鲜美之外，还有很多鲜为人知的营养价值和保健作用。

高蛋白、低脂肪的"百鱼之王"

河鲀肉味鲜美，蛋白质、氨基酸、不饱和脂肪酸、矿物质含量高，脂肪含量低，可作为人体优质的膳食来源。

红鳍东方鲀和暗纹东方鲀鱼肉中的蛋白质含量为17.8%～23.3%，总氨基酸为16.9%～19.6%，必需氨基酸/总氨基酸为39.0%～42.1%，必需氨

基酸／非必需氨基酸为65.3%～72.8%，呈味氨基酸为6.6%～47.1%。脂肪含量为0.2%～1.3%，饱和脂肪酸为29.0%～38.8%，不饱和脂肪酸为61.2%～69.9%，多不饱和脂肪酸为25.1%～51.5%。

河鲀鱼肉中钾、磷含量较高，每100克中含有266.5～402.3毫克钾、167.1～240.2毫克磷，还含有钙、锌、铁、铜等微量元素。

河鲀鱼皮的营养成分与鱼肉相当，其中鱼皮中钙含量较高，每100克中含有钙1 034.6～1 399.7毫克。

综合来看，红鳍东方鲀和暗纹东方鲀的营养价值均较高，各可食组织也具有较高的营养价值。其中，鱼肉蛋白质含量较高，氨基酸组成更符合FAO/WHO要求的理想模式。脂肪含量较低，脂肪酸比例较均衡，矿物质含量丰富，鱼皮的蛋白质、矿物质含量高。

EPA和DHA含量丰富

研究发现，河鲀中含有丰富的EPA和DHA。

保健、药用价值高

河鲀精巢中还含有鱼精蛋白、DNA以及多种微量元素（Mn、Zn、Cu、Se）等丰富的营养成分，不仅有较好的营养价值，而且有较好的医药价值。

因此，河鲀除了可以做成上品佳肴外，还可以加工成多种食品或保健用品，其营养价值和食疗价值在所有鱼类乃至食品类当中首屈一指。

08

带鱼：物美价廉的"国民海鲜"，银脂更是不可多得的宝贝

带鱼是中国传统四大海产之一，其肉质细嫩、味道鲜香，是南北通吃、老幼皆宜的"国民海鲜"。特别是越冬时节，带鱼体内囤积大量脂肪时，肉质最为肥美。

营养价值

带鱼营养价值丰富，富含脂肪和蛋白质、多不饱和脂肪酸、多种维生素以及人体必需的多种矿物元素如钙、磷、铁等。

研究显示，每100克带鱼的脂肪含量为7克，不饱和脂肪酸占脂肪酸总量的60%。带鱼DHA和

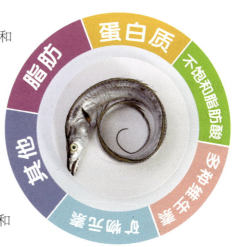

脂肪　蛋白质　不饱和脂肪酸　多种维生素　矿物元素　其他

EPA含量较高，具有降低胆固醇的作用。带鱼肌肉中游离氨基酸以赖氨酸、组氨酸和丙氨酸为主，含量分别为1.02克／千克、0.35克／千克、0.28克／千克。带鱼蛋白质含量高于大黄鱼，每100克含量为18.1克，且为优质蛋白，优质蛋白质易消化吸收。带鱼还含有丰富的微量元素，丰富的镁元素有助于调节心脏活动、降低血压、预防心脏病等。

药用价值

带鱼不仅可制成宴席上的美味佳肴，还是一种滋补鱼类珍品，具有一定的药用价值。

带鱼的表面是一层由特殊脂肪形成的"银脂"，其营养价值较高且无腥味，非常鲜美。银脂中还含有6-硫代鸟嘌呤、卵磷脂、不饱和脂肪酸三种对人体极为有益的物质。但不新鲜的带鱼往往伴随着腐坏，导致腥臭。

6-硫代鸟嘌呤是一种天然抗癌剂，对白血病、胃癌、淋巴肿瘤均有防治作用。卵磷脂可降低细胞的死亡率，能延缓大脑的衰老，被誉为能使人"返老还童"的魔力物质。不饱和脂肪酸不仅具有降低胆固醇的功效，还可以使皮肤细嫩光洁。

风干带鱼也是优质加工品

舟山渔场是中国最大的渔场，舟山带鱼是舟山渔场四大经济鱼类之一，又小又窄又厚的舟山带鱼肉质细嫩、味道鲜美、营养丰富，誉满海内外。风干带鱼是舟山特产，也是自古以来舟山沿海一带人民所喜爱的海鲜。

　　研究表明，与新鲜带鱼相比，风干带鱼的水分含量降低了14.25%，粗蛋白、粗脂肪和粗灰分分别增加了0.80%、13.23%和0.29%，弹性和消化率显著提高。带鱼风干前后均检出20种常见氨基酸和微量牛磺酸，风干带鱼的氨基酸含量较高。根据氨基酸评分，色氨酸为新鲜与风干带鱼的第一限制性氨基酸，缬氨酸和含硫氨基酸分别为新鲜和风干带鱼的第二限制性氨基酸；化学评分中，色氨酸和含硫氨基酸是新鲜与风干带鱼的第一、第二限制性氨基酸；必需氨基酸指数值分别为0.87和0.91。带鱼风干前后脂肪酸含量有明显的差异，风干带鱼中DHA和EPA含量高于新鲜带鱼。因此，风干带鱼是一种高蛋白、易消化且口感更佳的鱼类加工制品。

鲅鱼：吃鱼补脑，鲅鱼胜出 久负盛名的"鲅鱼水饺"曾遨游太空

蓝点马鲛，俗称鲅鱼。古语云，"山有鹧鸪獐，海有马鲛鲳"，由此可见鲅鱼的味美流传已久。鲅鱼肉质细密紧致，富含蛋白质、钙和DHA，味道鲜美，营养丰富。因水分较多，鱼肉易碎，无肌间刺，鲅鱼常被做成鱼丸或肉馅。其中，鲅鱼水饺更是久负盛名，曾登上《舌尖上的中国3》，跟随烟台籍航天员王亚平上过太空。鲅鱼水饺制作技艺，早在2013年就被列入"山东省非物质文化遗产"。秋冬季节的鲅鱼最为肥美，秋冬季节也是吃鲅鱼水饺的最佳时节。

吃鱼补脑，鲅鱼胜出

鱼肉里含有DHA和EPA，属于Ω-3长链多不饱和脂肪酸，是人体必需脂肪酸。它们对于大脑和视力的早期发育很重要，在大脑皮层和视网膜中的含量很高。联合国粮农组织建议，孕妇和哺乳期妇女每天摄入DHA的量不应少于0.2克。中国营养学会建议，每天水产品的摄入量为

40～75克。

科学家在舟山渔场调查了人们最常吃的30多种海鱼，估算吃鱼带来的智商值变化。结果发现，按照普通人的饮食结构，补脑效果最好的是鲅鱼，要想达到最佳补脑效果，每周最佳食用量是125克。

营养价值

鲅鱼含有丰富的蛋白质，每100克鱼肉含蛋白质19克、脂肪2.5克，肉质坚实、味道鲜美、营养丰富。鲅鱼含有丰富的能促进儿童生长发育的维生素A、维生素B_2和烟酸。肝脏中含维生素A较高，是制造鱼肝油的原料。含钾多是鲅鱼的一大特点。钾可降低血压，有效预防原发性高血压的发生，并可调节心脏和肌肉功能，是维护健康不可缺少的营养元素。此外，鲅鱼中EPA和DHA的含量也很丰富。除鲜食外，鲅鱼也可加工制作罐头和干品。

10

秋刀鱼：秋冬食补首选　素有"脑黄金"美誉

"秋刀鱼的滋味，猫跟你都想了解"。秋刀鱼究竟有多味美？每年的9—10月是秋刀鱼最肥美的时候，其丰富的脂肪含量是美味的关键。因含有丰富的蛋白质和DHA，秋刀鱼在日本也被称为"脑黄金"，可见其营养价值之高。

营养价值

据测定，秋刀鱼肉的蛋白质含量很高，达到20.6%，高于许多经济鱼类，与挪威三文鱼（21.66%）相差无几。秋刀鱼脂肪含量也很高，达到21.1%，因此秋刀鱼属于高蛋白、高脂肪鱼类。

秋刀鱼肌肉中含有常见的18种氨基酸，每100克湿样中氨基酸总量为18.67克，必需氨基酸/总氨基酸和必需氨基酸/非必需氨基酸分别为0.38和0.79。根据FAO/WHO的理想模式，秋刀鱼肌肉中氨基酸组成符合理想氨基酸模式。

秋刀鱼肌肉中共检测出21种脂肪酸。其中，多不饱和脂肪酸8种，占脂肪酸总量的（20.73±0.12）%。最主要的是DHA，为11.27%；其次是EPA、DRA（二十二碳五烯酸）和ARA（花生四烯酸）。秋刀鱼的多不饱和脂肪酸Ω-3/Ω-6为9.37，比例很高。秋刀鱼肌肉中单不饱和脂肪酸占到脂肪酸总量的58.70%。与其他海水鱼类相比，秋刀鱼的多不饱和脂肪酸和单不饱和脂肪酸的含量都比较高。

此外，秋刀鱼还含有丰富的维生素，如可预防恶性贫血的维生素B_{12}、可预防唇炎和口角炎的维生素B_2以及对骨骼和牙齿发育不可或缺的维生素D。

综合来看，秋刀鱼属于高蛋白、高脂肪食物。含有18种氨基酸，其中必需氨基酸、鲜味氨基酸含量丰富、组成合理，符合FAO/WHO推荐优质蛋白质氨基酸模式；肌肉中共检测出21种脂肪酸，富含EPA、DHA和单不饱和脂肪酸，Ω-3/Ω-6的比值很高。常量和微量元素组成均衡，是补充人体营养的理想食品来源。

热量

平均每100克秋刀鱼可食用部分的热量大约为125千卡。每吃100克秋

刀鱼，可通过逛街65分钟，或跳绳17分钟，或跳舞25分钟，或游泳8分钟消耗完这些热量。因此，减肥的时候也可以适量食用秋刀鱼。

功效

（1）抑制高血压、促进脑部发育　秋刀鱼中的EPA、DHA等不饱和脂肪酸，有明显的抑制高血压、心肌梗死、动脉硬化的作用。DHA还被人们称为"脑黄金"，是人类大脑和中枢神经系统发育必需的营养素，有利于婴幼儿的脑部发育。

（2）预防夜盲症　秋刀鱼中含有丰富的维生素A，维生素A的主要功能之一就是维持正常的视觉功能，多吃秋刀鱼可以预防夜盲症。

（3）抗衰老　秋刀鱼中含有丰富的维生素E，同时蛋白质含量也非常丰富。维生素E能减缓细胞衰老，蛋白质则是构成人体细胞的主要物质之一，滋润与滋补同时进行，防衰老的效果就得以体现了。

黄鳝："游龙戏金钱"小暑黄鳝赛人参

黄鳝，又叫鳝鱼、长鱼、田鳝。

作为常见的淡水鱼类，黄鳝在我国有悠久的食用和药用历史。相传乾隆皇帝下江南时，尝到一道嫩甜鲜美的菜肴，问是何菜，主人答道："游龙戏金钱。"游龙，即黄鳝的别称。此后，黄鳝身价百倍，年年作为贡品进贡皇室。

黄鳝全身只有脊椎骨而无杂刺，营养价值很高，是高蛋白、低脂肪的补益食品。我国民间有"小暑黄鳝赛人参"之说，意指小暑前后一个月的黄鳝体肥丰满，肉嫩鲜香，营养丰富，富含蛋白质、低脂肪，最为滋补。

高蛋白，低脂肪

据测定，每100克鳝鱼肉含蛋白质18.8克，高于一般鱼类；含脂肪0.9克，以及钙、磷、铁和维生素A、维生素B_1、维生素B_2、维生素B_3（烟酸）等营养物质。在30多种常见的淡水鱼类中，黄鳝的蛋白质含量位居第三，钙和铁的含量居首。

黄鳝肌肉中共检测出18种氨基酸，其中谷氨酸含量最高。必需氨基酸占氨基酸总量的40.98%，氨基酸组成符合FAO/WHO的理想氨基酸模式，特别是与儿童需要模式比值更加接近，即对儿童来说营养价值更高。

作为理想蛋白质的鸡蛋，其内各种必需氨基酸的含量都较高，但赖氨酸的含量却大大低于黄鳝。人们常食用的大米、小麦等食物最缺乏的一般都是赖氨酸、蛋氨酸和色氨酸，赖氨酸常被列为人体主要的限制性氨基酸。因此，黄鳝肌肉中赖氨酸的高含量正好与人们常食用的食物起到氨基酸互补作用，可弥补大米、小麦等食物赖氨酸的不足，从而提高蛋白质的利用价值。

丰富的维生素

黄鳝中含有多种维生素，尤其是维生素A含量最多。100克烤鳝片中含有5 000国际单位维生素A，而100克牛肉中仅含40国际单位，猪肉仅含17国际单位。众所周知，维生素A可增进视力，眼病患者多食鳝鱼是大有益处的。少年儿童多吃点鳝鱼，对预防近视有重要意义。

丰富的卵磷脂

黄鳝脂肪中含有丰富的卵磷脂、DHA和EPA。据研究，卵磷脂有助于提高记忆力，DHA和EPA具有预防心脑血管疾病的作用。

独特的黄鳝鱼素

从黄鳝中提取"黄鳝鱼素"，再从中分离出黄鳝鱼素A和黄鳝鱼素B，这两种物质具有显著降血糖作用和恢复调节血糖的生理机能作用，是糖尿病人较理想的食品。

综合来看，黄鳝肌

肉含有丰富全面的营养物质。蛋白质、不饱和脂肪酸含量高，氨基酸种类齐全。其中，必需氨基酸含量较高，其比值较符合人体需要模式；矿物元素种类多，富含多种对人体新陈代谢所必需的微量元素，具有较高的营养价值。

另外，黄鳝肌肉中鲜味氨基酸含量也较高，肉质鲜美。因此，黄鳝是一种很好的营养保健食物。

需要注意的是，黄鳝一定要现宰杀现烹调。黄鳝死后，体内的氧化三甲胺极易还原为三甲胺，使泥腥味加重；体内的组氨酸会很快转变为具有毒性的组胺。

12

泥鳅：水中小人参　鱼类里的补钙冠军

俗话说，"天上斑鸠，地上泥鳅"。泥鳅的味美可见一斑。泥鳅营养丰富，肉质细嫩松软，易消化吸收，风味独特，还有"水中人参"之称，属优质食用鱼。

营养成分

据测定，泥鳅含肉率为71.06%，肌肉中蛋白质含量为18.87%，脂肪含量为3.42%。肌肉中18种常见氨基酸总含量为80.40%（占肌肉干重）。其中，必需氨基酸含量为35.91%，占氨基酸总量的44.66%，高于FAO/WHO理想蛋白质模式。必需氨基酸与非必需氨基酸含量比值为0.81；鲜味氨基酸含量为30.07%，占氨基酸总量的37.40%；必需氨基酸指数（以WHO/FAO标准为参照）为88.44；蛋氨酸＋胱氨酸为第一限制性氨基酸，色氨酸为第二限制性氨基酸。赖氨酸含量占氨基酸总量的9.86%，超过鸡蛋蛋白质和WHO/FAO的赖氨酸标准。由于赖氨酸是人乳中的第一限制性氨基酸，因此泥鳅是优质的哺乳期食品。高含量的赖氨酸对于以谷物膳食为主的中国膳食结构而言，可以弥补赖氨酸的不足，提高人体对蛋白质的综合利用率。

此外，泥鳅还含有丰富的维生素B_1、维生素B_2、维生素E、烟酸以及钾、钠、钙、磷等。

泥鳅的蛋白质含量比一般鱼类、肉类要高，维生素B_1含量比鲫鱼、黄鱼和虾要高3～4倍。

鱼类里的补钙冠军

据测定，每100克泥鳅鲜品可食部分含有299毫克钙，堪称鱼类里的补钙冠军，同等重量下，泥鳅的钙含量是鲤鱼的近6倍，是带鱼的10倍左右。同时，泥鳅富含有利于钙吸收的维生素D，因此是很好的补钙食物。

药用价值

泥鳅富含亚精胺和核苷，可促进细胞更新，增加皮肤弹性和湿润度，并提高身体的抗病毒能力。

泥鳅皮肤中分泌的黏液，有较好的抗菌消炎作用。药理学研究发现，泥鳅能降低转氨酶，对防治肝炎有效。

综合来看，泥鳅是一种含肉率较高的淡水鱼，高于"四大家鱼"等其他常见鱼类，蛋白质含量也高于一般淡水经济鱼类；脂肪含量在常见鱼类中处于中上水平，富含不饱和脂肪酸，对人类的心血管疾病和阿尔茨海默病具有一定保健作用，是营养价值较高的淡水经济鱼类。肌肉中鲜味氨基酸含量较高，具有较好的风味品质。

13

大闸蟹：味道鲜美、营养价值高的秋季顶级美食

"九月团脐十月尖，持蟹饮酒菊花天"。每到秋季，蟹黄红亮丰腴的母蟹，膏如凝脂白玉的公蟹，一一闪亮登场，用最简单的清蒸，就能使得大闸蟹成为秋季顶级美食。

蟹肉的营养价值

大闸蟹，正式名为中华绒螯蟹，俗称河蟹、毛蟹。

根据第2版《中国食物成分表》，大闸蟹在必需氨基酸、必需脂肪酸、维生素A、维生素D、维生素E、卵磷脂等多方面的营养价值颇高。

在白色蟹肉中，蛋白质含量高达22%～24%，脂肪只有3%～4%，属于高蛋白质、低脂肪的食物。其中，必需氨基酸含量丰富且结构合理，相比畜肉类蛋白质更易于消化，还含有谷氨酸、半胱氨酸、甲硫氨酸等呈味氨基酸，让大闸蟹味道更鲜美。

大闸蟹中必需脂肪酸的构成也很健康。其中，饱和脂肪酸、单不饱和脂肪酸、多不饱和脂肪酸的比例约为1：1：1。除此之外，蟹肉中Ω-3多不饱和脂肪酸（DHA和EPA）的含量也比较高，对调控脂代谢、减轻慢性炎症反应十分有益。

大闸蟹含有多种维生素。其中，维生素A高于其他陆生及水生动物；维生素B_2是肉类的5～6倍，比鱼类高出6～10倍，比蛋类高出2～3倍；维生素B_1及磷的含量比一般鱼类高出6～10倍。

减肥人群可以食用大闸蟹吗？

大闸蟹属于低脂肪、高蛋白的食物，每100克可食用部分仅103千卡的能量，其中能量的主要贡献者是蛋白质。

由于蛋白质相比其他营养成分在消化吸收的过程中会消耗更多的能量，所以完全不用担心吃大闸蟹容易长胖，相反合理食用大闸蟹可以延长进餐时间，促进肠道激素的释放，增加饱腹感。因此，减肥的人也可以稍微多吃一点。

哪些人不能吃大闸蟹？

孕妇也是可以吃蟹肉的，只要保证食材新鲜、卫生、做熟，不会有什么危害。如果有高尿酸血症甚至痛风，或者吃螃蟹会过敏者，就不能吃大闸蟹了。老人、婴幼儿等消化功能较弱的人，应少食用。有血脂异常、高胆固醇血症的人和孕妇，则不适合吃蟹黄蟹膏，因为蟹黄中的胆固醇较高。

大闸蟹这些地方不能吃

大闸蟹中的蟹肠、蟹鳃、胃和心脏不建议食用。蟹鳃是位于蟹腹部的两排较软的，像眉毛一样的东西，是螃蟹的呼吸器官，对外界水体进行过滤，容易富集重金属和其他污染物。

蟹的胃是藏在蟹壳前半部、眼睛下方的三角形部位，蟹肠是一条黑色条状物，它们都属消化器官，容易积累污染物。

蟹的心脏被称为"六角板"，掀开蟹壳，可看到一层黑色的膜衣，六角状的蟹心就在膏黄与黑色膜衣之间。传统说法认为蟹心是蟹"最寒"的部位。

由于螃蟹是杂食性动物，烹饪时一定要煮透。很多沿海地区还会吃醉蟹、炝蟹，这些都是生蟹。在甲壳类水产中，容易引起急性肠胃炎，甚至诱发败血症的病原很多，除了常见的副溶血性弧菌、大肠杆菌以及各种寄生虫，生蟹还可能携带诺如病毒和甲肝病毒，这两种疾病的传染性都很强。 所以，无论是蟹还是其他海鲜，都建议煮熟再吃。

同时，要确保吃到的螃蟹是新鲜的，因为螃蟹死后细菌会大量繁殖，并分解蟹肉中的氨基酸，产生一些对人体有害的生物胺，容易导致呕吐、腹泻、过敏等症状，严重的可能引起休克和脏器衰竭。

综合来看，大闸蟹属于低脂、低能量、高胆固醇、高优质蛋白和维生素食物，普通健康成年人每日摄入 3 ～ 4 只大闸蟹，每周不超过 2 次都在可以接受的范围。儿童及老年人则需酌情减量，同时注意烧熟煮透以及潜在的食物过敏风险。

建议吃蟹时应减少其他肉类、内脏、蛋类的摄入量，同时食用富含膳食纤维的食物（如全谷物、蔬菜、水果等），可以起到减少胆固醇吸收的作用。

14 ·········▶▶▶

虾皮：天然钙库　食之应有道

春天是补钙的好季节，吃点虾皮，孩子长得快，老人身体壮。以海产小毛虾为原料的干制食品，经煮熟后晒干或烘干的为"熟虾皮"，生虾晒干或烘干的为"生虾皮"，统称为"虾皮"。毛虾是一种海产小虾，肉很少，干制时不去虾壳，看上去容易使人感到只是一层皮，"虾皮"的名称也由此而来。

看起来不起眼的虾皮，蛋白质含量却比黄鱼、带鱼、猪肉、牛肉等常见的食物还要高。除此之外，虾皮的钙含量也很高。

虾皮的营养成分

据测定，每100克虾皮中含糖类2.5克、蛋白质30.7克、脂肪2.2克、胆固醇428毫克、烟酸3.1毫克、维生素E 0.92毫克、钠5 057.7毫克、钾617毫克、磷582毫克、钙991毫克、镁265毫克，热量153千卡。

虾皮的营养价值

（1）蛋白质　虾皮中的蛋白质含量比较高，1千克虾皮所含的蛋白质分别相当于2千克鲤鱼、2千克牛肉、3.5千克鸡蛋、12升优质牛奶所含蛋白质的数量，食用虾皮能够补充蛋白质，摄入足够量的蛋白质则能增强身体的免疫能力。

（2）天然钙库　每100克虾皮含有991毫克钙，钙浓度接近牛奶的10倍，因此，虾皮素有"天然钙库"的美称。不过，虽然虾皮钙含量高，但补钙效果并不好。因为虾皮中所含的钙质主要是"复合物型钙质"，不易被人体吸收。虾皮中也不含维生素D，钙的吸收利用率很低，所以单吃虾皮不能完全补钙。

（3）矿物质丰富　虾皮的另一大特色是矿物质数量、种类丰富，除了含有陆生、淡水生物缺少的碘元素，还含有丰富的钾、镁、钙、磷、铁等微量元素以及维生素、氨茶碱等成分。

不过，虾皮中钠含量也非常高，相对来说，虾皮不宜一次食用过多，避免摄入过多的钠。

总体来说，虾皮是一种价廉物美、食用方便、有益健康的好食品，四季都有供应，吃法多种多样，制作简捷快速。它还是食品中的"百搭"，无论什么菜肴都可配它。

为什么儿童要多吃虾？

学龄儿童正处于生长发育阶段，全面、充足的营养是其正常生长发育，乃至一生健康的物质保障。学龄期是建立健康信念和形成健康饮食习惯的关键时期，从小养成健康的饮食习惯和生活方式将使其受益终生。

中国营养学会最新发布的《中国学龄儿童膳食指南（2022）》，针对6～17岁学龄儿童的平衡膳食宝塔指出，6～10岁学龄儿童每天需要摄入40克水产品，11～13岁学龄儿童每天需要摄入50克水产品，14～17岁学龄儿童每天需要摄入40～70克水产品。

虾类作为高蛋白质、低脂肪、低热量水产品，具有无刺、味道鲜美等优点，深受儿童和家长的青睐。

虾的营养价值

研究显示，中国对虾、南美白对虾和斑节对虾肌肉中共检测到20种脂肪酸，其中包括8种饱和脂肪酸、5种单不饱和脂肪酸和7种多不饱和脂肪酸。高含量的多不饱和脂肪酸能显著地增加香味，同时在一定程度上也反

映肌肉的多汁性。

油酸是中国对虾、南美白对虾和斑节对虾中含量最高的单不饱和脂肪酸，在中国对虾、南美白对虾和斑节对虾肌肉中的含量分别为16.34%、18.65%和15.57%。

近年来的研究表明，单不饱和脂肪酸同样具有调节血脂代谢、降低低密度脂蛋白胆固醇的氧化敏感性、保护血管内皮和降低血液高凝状态的作用。油酸可降低胆固醇和低密度脂蛋白，是一种良性的脂肪酸。

多不饱和脂肪酸中检测到的亚油酸、亚麻酸和花生四烯酸被称为"必需脂肪酸"，在动物和人体内不能合成，只能从食物中获取。在中国对虾、南美白对虾和斑节对虾肌肉中以亚油酸的含量较高，分别为12.14%、11.28%和12.74%。

中国对虾、南美白对虾和斑节对虾肌肉中EPA和DHA总量分别为24.20%、24.69%和23.65%。

多不饱和脂肪酸中的EPA和DHA主要存在于鱼类脂肪内，通过食物链的富集作用在体内积聚。研究发现，EPA和DHA具有很强的生理活性，它们具有抑制血小板凝集、防止动脉硬化和阿尔茨海默病及促进婴儿智力发育的功能，也被称为人和动物生长发育的必需脂肪酸。

综合来看，虾是高蛋白质、低脂肪、低热量食物，均具有较高的营养价值和一定的保健功效。除了蛋白质，100克的虾肉还可以提供50～150毫克钙，200～400毫克钾和一些维生素A，综合营养价值很不错。

河虾和海虾之间，包括各种不同虾之间，在蛋白质、脂肪含量上差别并不大，都是低脂肪高蛋白的好食材。河虾的钙含量相对高一点，而海虾的优势在于EPA、DHA含量会高一些。

虾头、虾壳尽量不吃

如果生活在被污染的水体中，虾的体内有可能会富集重金属，但相比较而言，虾还是比较安全的水产品。如果有重金属富集，都会富集于虾头和虾壳，只要把这两个部分去除，就不用担心。

一定要做熟吃

虾一定要熟吃，生虾中可能含有细菌、病毒、寄生虫，醉虾、生腌类吃法风险很大。虾的烹饪方法越简单越好，简单的水煮、蒸或者快炒都可以，不要过度烹饪，虾自带鲜甜味，不需要额外添加很多调料。

16

鲍鱼："四大海味"之首 EPA含量高

从古至今，鲍鱼深受广大食客的推崇，在中国四大海味（鲍、翅、肚、参）中，鲍鱼位列首位。

鲍鱼是一种单壳软体动物，并不属于鱼类，而是属于海洋贝类的一种。鲍鱼具有极高的营养价值，含有人体所需的各种营养成分，包括蛋白质、脂质、糖类等。

鲍鱼的营养成分

《中国食物成分表标准版（第6版）》数据显示，每100克鲍鱼（杂色鲍）含蛋白质12.6克、脂肪0.8克、胆固醇242毫克、维生素A 24微克、烟酸0.20毫克、维生素E 2.20毫克、钙266毫克、磷77毫克、钾136毫克、钠2 011.7毫克、镁59毫克、铁22.6毫克、锌1.75毫克、硒21.38微克。

每100克鲍鱼（干）中含蛋白质54.1克、脂肪5.6克、维生素A 28微克、烟酸7.20毫克、维生素E 0.85毫克、钙143毫克、磷251毫克、钾366毫克、钠2 316.2毫克、镁352毫克、铁6.8毫克、锌1.68毫克、硒66.60微克。

研究数据显示，皱纹盘鲍、杂色鲍、绿鲍、杂交鲍肌肉的蛋白质含量基本接近，在18.92%～21.63%；脂肪含量在0.04%～0.09%。与其他动物食品相比，皱纹盘鲍、杂色鲍、绿鲍的蛋白质含量均高于鸡（19.3%）、猪（17.9%）等动物，且高于鸡蛋（12.8%）；而脂肪含量又远低于鸡（9.4%）等动物。因此，鲍鱼是一种高蛋白、低脂肪类食物，可以作为广大消费者动物蛋白摄入源。

鲍鱼的营养价值

研究结果显示，鲍鱼含有丰富的赖氨酸和苏氨酸，且为人体必需氨基酸，赖氨酸可以提高钙的吸收以及促进幼儿生长发育，苏氨酸可以缓解人体疲劳以及促进生长发育。因此，鲍鱼可以作为补充赖氨酸和苏氨酸的优质蛋白质来源。

在鲍鱼肌肉中共检测出17种脂肪酸。其中，饱和脂肪酸6种，单不饱和脂肪酸4种，多不饱和脂肪酸7种。

饱和脂肪酸含量在34.85%～36.35%。其中，含量最高的为棕榈酸，在20.16%～22.18%。棕榈酸可以促进肠道对脂肪酸和钙的吸收，以改善便秘、消化问题。因此，经常食用鲍鱼有助于肠道健康。单不饱和脂肪酸含量在21.64%～23.95%。其中，油酸含量最高，在14.46%～16.03%。多不饱和脂肪酸的平均含量为41.83%。其中，EPA含量平均为12.32%，DHA含量平均为1.57%。相比较而言，鲍鱼的DHA含量较低，但EPA含量比海鳗、小黄鱼、带鱼等名优海水鱼高。多不饱和脂肪酸可以预防及治疗心脑血管疾病，同时调节人体的脂质代谢，促进生长发育，且在美容、减肥等方面具有显著效果。因此，经常食用鲍鱼可有效补充人体所需多不饱和脂肪酸，特别是EPA。

此外，鲍鱼还富含多种微量元素，其中Na、K含量最高，其他微量元素含量顺序为：Mg＞Fe＞Ca＞Zn＞Cu＞As＞Ni＞Mn＞Se＞Cr＞Pb＞Hg。钾在人体内的主要作用是参与能量代谢以及维持酸碱平衡。锌对儿童的生长及智力发育起到举足轻重的作用，同时有调节人体免疫功能的作用。因此，鲍鱼是人体摄取钾、锌的优质食物。

综合来看，鲍鱼是一种高蛋白、低脂肪而高胆固醇的水产品，整体营养价值不错，但对于高血压、高血脂病人来说，鲍鱼属高胆固醇、高钠食物，平时食用要注意。同时，鲍鱼应避免生食，存在寄生虫的风险。

17

牡蛎：目前已知锌含量最高的海洋贝类

牡蛎俗称海蛎子、生蚝，是一种味道鲜美、营养丰富的海洋贝类，含有丰富的蛋白质、牛磺酸、多不饱和脂肪酸、多糖和微量元素锌，素有"海洋牛奶""根之源"之美誉，是国家卫生健康委员会第一批批准的药食同源食品之一。

牡蛎的营养成分

《中国食物成分表标准版（第6版）》数据显示，每100克牡蛎含蛋白质5.3克、脂肪2.1克、胆固醇100毫克、维生素A 27微克、核黄素0.13毫克、维生素E 0.81毫克、钙131毫克、磷115毫克、钾200毫克、钠462.1毫克、镁65毫克、铁7.1毫克、锌9.39毫克、硒86.64微克、铜8.13毫克。

氨基酸含量高

在牡蛎分离蛋白质中，必需氨基酸含量超过或接近40%，必需氨基酸之间的比例适宜，各分离蛋白质中的呈味氨基酸含量均超过40%。其中，不溶性蛋白质的呈味氨基酸含量高达48.64%，呈味氨基酸是牡蛎味道鲜美的主要原因。

与其他20余种海洋生物（主要为鱼类、贝类）相比较，新鲜牡蛎中

牛磺酸的含量较高，可达8～12克／千克。牛磺酸能明显促进神经系统的生长发育和细胞增殖、分化，是一种重要的必需营养素。研究发现，牡蛎肉中丰富的牛磺酸可能是其能降血糖、醒酒和防止酒精性肝损伤的重要原因。

DHA和EPA含量丰富

研究发现，北部湾海区的熊本牡蛎、香港巨牡蛎和近江牡蛎含有超过33种以上的脂肪酸。其中，多不饱和脂肪酸占总脂肪酸含量的41.02%～50.79%，且EPA、DHA的含量之和占比最高，占脂肪酸总量的27.13%～38.65%，Ω-3／Ω-6的多不饱和脂肪酸比值合理。

由此可见，牡蛎中脂肪酸含量种类丰富，多不饱和脂肪酸占比最高，且以DHA和EPA为主，具有良好的开发潜力。

锌含量高

牡蛎是目前已知的锌含量最高的海洋贝类之一，可达124毫克／千克，远高于一般的水产品和陆生动物。6只牡蛎的含锌量是人体日需求量的2倍。

综合来看，牡蛎蛋白质含量高，氨基酸种类齐全且组成合理；牛磺酸含量高；脂肪含量虽低，但其脂肪酸组成中不饱和脂肪酸占比高；锌元素含量丰富。

贻贝：富含蛋白质、牛磺酸的"海中鸡蛋"

贻贝是海产双壳贝类，种类很多，我国沿海有30余种，其中经济价值较高的约有10种，主要的食用贻贝有紫贻贝、厚壳贻贝和翡翠贻贝等。

在北方黄渤海海域常见的是紫贻贝，俗称为海虹；在江浙沿海常见的贻贝主要为厚壳贻贝，常说的淡菜就是它们的干制品；到了福建两广地区，常见的贻贝则主要是看上去很漂亮的翡翠贻贝，因为贝壳的外缘有一圈亮绿色，它们也被当地人形象地称为青口贝。

贻贝的营养成分

《中国食物成分表标准版（第6版）》数据显示，每100克贻贝（鲜）中含蛋白质11.4克、脂肪1.7克、胆固醇123毫克、维生素A 73微克、核黄素0.22毫克、烟酸1.80毫克、维生素E 14.02毫克、钙63毫克、磷197毫克、钾157毫克、钠451.4毫克、镁56毫克、铁6.7毫克、锌2.47毫克、硒57.77微克。

研究数据显示，紫贻贝软体部分蛋白质含量为45.69%，粗脂肪为10.04%；厚壳贻贝软体部分蛋白质含量为49.41%，粗脂肪为11.27%。

贻贝的营养成分的整体特点是高蛋白、高矿物质、低脂肪。我国居民膳食中适当增加贝类等海产品鲜品或加工制品的摄入量，补充蛋白质和矿物质，降低脂肪摄入量，将有利于提高人们的膳食水平和营养质量。

贻贝的营养价值

贻贝富含蛋白质、牛磺酸，营养丰富，素有"海中鸡蛋"之美称，如果鸡蛋营养指数为100，则牛肉为80、虾为95、干贝为92、贻贝为98。

数据显示，贻贝蛋白质由20种氨基酸组成，第一限制性氨基酸为色氨酸，第二限制性氨基酸为蛋氨酸。蛋白质中含有人体必需的8种氨基酸，特别是与婴幼儿生长发育密切相关的赖氨酸、异亮氨酸、苏氨酸等，还含有与儿童生长发育相关的牛磺酸。贻贝的不饱和脂肪酸高于饱和脂肪酸，对中老年人预防动脉粥样硬化有益。

相比较而言，厚壳贻贝的蛋白质、牛磺酸、天冬氨酸、谷氨酸、甘氨酸等含量高于紫贻贝，而且厚壳贻贝的口感好于紫贻贝。此外，厚壳贻贝的DHA含量也高于紫贻贝。对儿童而言，厚壳贻贝的营养价值高于紫贻贝。

综合看来，贻贝营养丰富、味道鲜美，具有加快胆固醇代谢、提高免疫力、抗氧化、抗炎等作用。随着贻贝的规模化养殖，其安全加工和综合利用日益广泛，除食用外，还可用于提取维生素D_3、治疗佝偻病等。

注意食用安全

但是，需要注意的是，贻贝有一定的富集重金属的能力，在传播食源性疾病方面具有高危性，所以要注意食用安全。

贝类本身不产生毒素，但如果其摄食了有毒藻类或与有毒藻类共生，则可能在体内蓄积毒素，形成贝类毒素。尤其是当有毒"赤潮"发生时，贝类体内更易蓄积毒素，食用后易引发中毒事件。

因此，消费者在购买贝类时，要选择到正规的超市或市场，不购买来自"赤潮"地区的贝类。沿海地区居民不要在有毒"赤潮"预警期间"赶海"捕捞或采食贝类，平时也不要在排水口（如电厂冷凝水、生活污水）附近海域采集、捕捞贝类。食用贝类时要去除消化腺等内脏，每次食用量不宜过多。

19

鱿鱼：天然健康的远洋海产品

鱿鱼，不属于鱼类，而是属于头足类，是目前世界上最具开发潜力的大洋海产品之一。鱿鱼种类繁多，目前，市场中常见的种类主要有枪乌贼科和柔鱼科，其中柔鱼科产量占比更大。

鱿鱼胴体、鱼皮、软骨、内脏各部位富含胶原蛋白、牛磺酸、硫酸软骨素和 β-甲壳素等，肉质鲜美，营养丰富，是天然健康的远洋海产品。

鱿鱼的营养成分

《中国食物成分表标准版（第6版）》数据显示，每100克鱿鱼（鲜，中国枪乌贼）可食部分中含蛋白质17.4克、脂肪1.6克、胆固醇268毫克、维生素A 35微克、烟酸1.60毫克、维生素E 1.68毫克、钙44毫克、磷19毫克、钾290毫克、钠110.0毫克、镁42毫克、铁0.9毫克、锌2.38毫克、硒57.77微克、铜0.45毫克。

每100克鱿鱼（干，中国枪乌贼）可食部分中含蛋白质60.0克、脂肪4.6克、胆固醇871毫克、烟酸4.90毫克、维生素E 9.72毫克、钙87毫克、磷392毫克、钾1 131毫克、钠965.3毫克、镁192毫克、铁4.1毫克、锌11.24毫克、硒156.12微克、铜1.07毫克。

鱿鱼的营养价值

研究数据显示，秘鲁鱿鱼的必需氨基酸所占氨基酸总量百分比为38.80%，必需氨基酸和非必需氨基酸的比值符合FAO/WHO的理想模式，属于质量较好的蛋白质。

秘鲁鱿鱼中含量最高的氨基酸为谷氨酸，含量为10.15%，谷氨酸是鲜味最强的氨基酸，是脑组织生化代谢中的重要氨基酸，参与多种生理活性物质的合成，是人体所需的重要氨基酸。

秘鲁鱿鱼胴体中检测到14种脂肪酸，其中4种饱和脂肪酸，3种单不饱和脂肪酸，7种多不饱和脂肪酸。不饱和脂肪酸总量为54.78%，其中DHA含量为37.78%。

舟山鱿鱼的必需氨基酸与氨基酸总量比值为36.59%，必需氨基酸和非必需氨基酸的比值为57.7%，基本接近理想模式，属于优质蛋白质。

舟山鱿鱼体内共有16种脂肪酸，其中饱和脂肪酸5种，单不饱和脂肪酸6种，多不饱和脂肪酸5种。舟山鱿鱼中占比最高的脂肪酸为DHA（43.87%），EPA在舟山鱿鱼

脂肪酸中含量也较高（12.84%），不饱和脂肪酸总含量为56.71%，高于远洋鱿鱼中捕捞量最大的秘鲁鱿鱼。

综合看来，鱿鱼的营养堪比鲍鱼，更优于野生大黄鱼，是典型的高蛋白低脂肪海产品，是良好的补充蛋白质的动物蛋白源。鱿鱼富含人体所需无机元素，能有效治疗贫血。其中，所含有的多肽和硒等微量元素又有抗病毒与抗射线作用，对人体健康有着很大的益处。

不必担心鱿鱼中的胆固醇

鱿鱼胆固醇含量较高，100克可食部分的含量约为268毫克，但与蛋黄相比（每100克中含量为1 030毫克）含量并不算高，而且鱿鱼体内的胆固醇多集中于内脏部分，可食部分含量并不高。

同时，鱿鱼的可食部分含有丰富的牛磺酸。研究表明，牛磺酸具有抑制血液中胆固醇的积蓄、降血脂、预防止动脉硬化等功能。

胆固醇是人体所需的营养成分，有高、低密度脂蛋白胆固醇之分。过度食用低密度脂蛋白胆固醇会对动脉造成损坏，而高密度脂蛋白胆固醇具有清洁动脉的功能。

根据研究结果，鱿鱼所含胆固醇以高密度为主，食用无害。现代医学研究还证明，只要摄入的牛磺酸和胆固醇的比值（T/C）大于2就不会提高人类血液中胆固醇的浓度。有学者研究，鱿鱼胴体肌肉的T/C值为2.2，远高于牛肉、鸡肉、猪肉等食品，因此，鱿鱼所含胆固醇可以完全参与人体代谢而不会积蓄到血液中，不必担心吃鱿鱼会导致体内胆固醇增高。

20 ▸ ▸ ▸ ▸ ▸ ▸ ▸ ▸ ▸

海参：高钙、低脂、低胆固醇的传统海洋珍品

海参种类很多，全球现已发现约1 200种，其中约有20种可以食用。我国是海参生产和消费大国，作为传统的名贵海产品，海参在食用和药用方面均有着悠久的历史。

海参的营养成分

《中国食物成分表标准版（第6版）》数据显示，每100克海参可食部分中含蛋白质16.5克、脂肪0.2克、胆固醇51毫克、维生素E 3.14毫克、钙285毫克、磷28毫克、钾43毫克、钠502.9毫克、镁149毫克、铁13.2

钙

海参皂苷

刺参黏多糖

18种氨基酸

不饱和脂肪酸

牛磺酸

维生素B$_1$

蛋白质

铁

磷

硫酸软骨素

维生素B$_2$

精氨酸

毫克、锌0.63毫克、硒63.93微克、铜0.05毫克。

海参最主要的特点是蛋白质含量丰富，糖类、脂肪含量极低。如果是干制的海参，蛋白质含量能占到干物质的80%，属高蛋白质食物。

海参的营养价值

研究发现，海参含有丰富的蛋白质、氨基酸、脂肪酸和维生素等多种营养物质。同时，海参体内还有独特的多肽、多糖、皂苷等活性物质，在体内外测试中展现出抗凝血、抗氧化、抗血栓、抗肿瘤和促进伤口愈合等多种功能。

不同种类的海参中蛋白质总含量范围在40.7%～63.3%，少数几种海参的蛋白质含量可以达到80%以上。例如，我国北方常见的刺参，其总蛋白含量约为62.51%。

海参中的总氨基酸含量在61.42%～75.84%。刺参中有17种氨基酸，总量为45.7%～54.85%，其中人体必需的8种氨基酸占氨基酸总量的22.9%～26.5%，谷氨酸、精氨酸、丙氨酸含量较高。谷氨酸可降低血液中氨的浓度；精氨酸可促进创口愈合；丙氨酸可协助糖代谢，具有一定的缓和低血糖的功效。

海参属于海洋低脂食品，总脂肪含量低于3%。在青刺参和白刺参中鉴定出20种脂肪酸，其中21.56%～23.02%为单不饱和脂肪酸、22.67%～23.18%为多不饱和脂肪酸。海参中含有的多种类型的不饱和脂肪酸（如EPA、DHA等），具有较好的保健价值。EPA能预防高脂血症，减少血栓和动脉粥样硬化的发生；DHA有促进大脑发育、预防癌症及骨质疏松的作用。

此外，海参还含有丰富的矿物质，如钙、铁、镁、钾等。还含有人体所需的13种维生素中的6～8种，特别是内脏器官中维生素含量较高。

作为中国传统医学认可的高营养海洋食材，海参中含有多种活性物质，包括海参多糖、海参皂苷、海参多肽、胶原蛋白等。研究发现，此类物质在抗凝血、抗氧化、抗菌、抗病毒、抗肿瘤、降血糖、降血脂、调节人体免疫力等诸多方面具有良好的保健和医用价值。

总的来看，海参是一种高蛋白、低脂、低糖、低胆固醇的水产品，作为传统的海洋珍贵食材，海参营养价值丰富，一直被多部经典中医典籍列为滋补保健佳品。

需要提醒的是，海参中含有香豆素类物质，可能有抗凝血效果，在服用了某些药物的情况下，会增加出血的风险。

甲鱼：美食五味肉　冬季滋补首选

中华鳖，俗称甲鱼，是我国特色水产品，它营养丰富，味道鲜美，是传统营养保健食品。因甲鱼的肉质兼具鸡、鹿、牛、羊、猪5种肉的美味，素有"美食五味肉"的美称。

传统药典中记载，甲鱼的全身几乎都可以作为药引，有滋阴潜阳，软坚散结的作用。现代医学研究亦发现，甲鱼加工食品在一些疾病的防治、美容抗衰老、抗疲劳等方面发挥显著功效。

甲鱼的营养成分

研究结果显示，甲鱼肌肉中的粗蛋白含量为78.21%～83.53%，粗脂肪含量为12.61%～18.69%，灰分含量为4.07%～4.59%。甲鱼裙边的粗蛋白含量为94.92%～95.97%，粗脂肪含量为3.18%～4.25%，灰分含量为1.26%～1.79%。

《中国食物成分表标准版（第6版）》数据显示，每100克甲鱼蛋中含蛋白质12.5克、脂肪7.3克、维生素A 73微克、硫胺素1.05毫克、核黄素1.58毫克、维生素E 3.60毫克、钙103毫克、磷268毫克、钾156毫克、钠103.9毫克、镁11毫克、铁1.3毫克、锌0.97毫克、硒35.23微克、铜0.05毫克。

甲鱼的营养价值

研究发现，甲鱼肌肉蛋白质的第一限制性氨基酸为缬氨酸，在氨基酸组成中谷氨酸和天门冬氨酸含量最高。肌肉中必需氨基酸含量大大超过鸡蛋蛋白质，赖氨酸含量相当丰富，是我国以谷物为主的膳食模式的有益补充。

甲鱼肌肉中不饱和脂肪酸含量远远高于饱和脂肪酸，肌肉的EPA和DHA含量分别高达9.93%和9.12%，含量均高于草鱼、鲤鱼、猪肉、牛肉等水生和陆生动物。

甲鱼的肌肉、裙边、背甲等不同部位含有蛋白质、脂质等多种重要的营养物质，还含有多糖、胶原蛋白、牛磺酸等具有重要生理功能的成分。

甲鱼的皮、裙边、肌肉富含胶原蛋白，其中，以裙边中含量最高，常作为胶原蛋白的优质来源。有研究发现，胶原蛋白经蛋白酶水解后制得的低分子或小分子胶原蛋白肽在抗高血压、抗氧化、免疫调节等方面可以发挥特殊功能。

经测定，甲鱼胆汁中牛磺酸含量极高，为9.55克/千克。牛磺酸是一种非蛋白氨基酸，它参与维持机体内环境稳态及正常生理功能的维持和调

节，在日本常被用作糖尿病的治疗药物。

此外，甲鱼体内矿物元素含量和种类均十分丰富，除含有大量的钙元素外，还含有锰、锌、铜、铁、钴等与机体生长发育紧密相关的微量元素。

甲鱼作为上等的中药材，在很多古籍中都有关于其功能特性的记载。目前的研究主要围绕着甲鱼提取液、蛋白酶解液、鳖甲等组分功能方面展开，在促进伤口愈合、增强免疫、加快新陈代谢和抗疲劳等方面有一定功效，作用机理已有较为深入的研究。

总的来看，甲鱼不但肉质鲜嫩美味，而且体内含丰富的多糖、蛋白质、DHA、EPA以及铁和硒等微量元素，自古以来是人类膳食的滋补品。

海带：碱性食物之冠 补碘好帮手

海带，又名昆布、江白菜，是我国主要生产的藻类产品之一，也是我国、日本、朝鲜等东方国家的人们喜欢食用的经济藻类。

海带的营养成分

海带热量低、蛋白质适中、矿物质含量丰富，是一种理想的天然海洋食品。

据测定，每100克干海带含蛋白质8.2克、脂肪0.1克、糖类57克、粗纤维9.8克、无机盐12.9克、钙1.17克、铁0.15克、磷0.22克、碘24毫克、胡萝卜素0.57毫克、维生素B_1 0.09毫克、维生素B_2 0.36毫克、烟酸1.6毫克。

海带的营养价值

海带是公认的健康食用藻类，它几乎不含脂肪和热量，却含有多种人体不可缺少的营养成分，尤其碱性元素含量很高，被营养学界称为"碱性食物之冠"，常吃能预防疾病。

海带多糖

海带中含有丰富的海带多糖，如褐藻胶、褐藻淀粉，还含有酸性聚糖类物质、岩藻-半乳多糖硫酸酯、大叶藻素、半乳糖醛酸、昆布氨酸、牛磺酸、双歧因子等多种活性成分。

海带多糖具有降血脂、降血糖、抗氧化、抗癌以及调节肠道菌群等功能。

碘

碘是人体合成甲状腺素的原料，甲状腺素是人脑发育所必需的激素，海带中含有非常丰富的碘，可防治碘缺乏症，促进智力发育。

不过，需要注意的是，海带品种、海域光照、生长深度、生长盐度、生长期和生长季节等因素都会影响海带中的碘含量。如果海带碘含量很高，食用过多海带，对于某些碘敏感人群可能存在一定健康风险。

因此，用海带补碘，每隔2～3天吃一次比较合理，中国营养学会建议容易缺碘的孕妇每周吃1～2次海带。

膳食纤维

海带中含有膳食纤维褐藻酸钾，能调节钠钾平衡，降低人体对钠的吸收，从而起到降血压的作用。同时，褐藻酸钠还具有明显的降血脂作用。

总体而言，海带成本低廉、营养丰富、功能众多，是一种重要的海生资源，具有药用与食用双重价值。

23

紫菜：低热量、高膳食纤维且富含B族维生素和钙的优秀藻类

紫菜是紫菜属藻类的通称，我国养殖的主要是条斑紫菜和坛紫菜，市面上卖的"海苔"类休闲食品多是用条斑紫菜加工的，而买回来做紫菜蛋花汤的则是坛紫菜。

紫菜是我国主要的食用藻类之一，其蛋白质、矿物质和膳食纤维等营养物质含量丰富，具有较高的食用价值，深受消费者的喜爱。

紫菜的营养成分

紫菜中营养成分的含量随种类、生长时间及地点等而有所不同。通常，干紫菜中含25%～50%的蛋白质、20%～40%的糖类（大部分为膳食纤维）、1%～3%的脂肪、7.8%～26.9%的灰分（矿物质）和大量的维生素等。

紫菜中的B族维生素很丰富，除了维生素B_1、维生素B_2、烟酸以外，还富含陆地植物缺乏的维生素B_{12}。

同时，紫菜的钙含量比较高，100克干燥紫菜的钙含量能达到264～343毫克。

矿物质中钙、钠、钾、镁及磷的含量很高，锰、锌、铁及碘等微量元素的含量也很高。

总体来说，紫菜属高蛋白、低脂肪、低热量、高膳食纤维且富含B族维生素和钙的藻类。

紫菜的营养价值

紫菜是蛋白质含量最丰富的海藻之一，蛋白质中富含人体必需的9种氨基酸和牛磺酸，牛磺酸可通过形成牛磺胆酸促进胆酸的肠肝再循环，并控制血液的胆固醇水平，同时对促进婴儿大脑发育、儿童的生长发育、抗氧化和抗衰老都具有良好的功效。

紫菜的脂肪中主要成分为DHA和EPA。

紫菜多糖占紫菜干质量的20%～40%，是紫菜的主要成分之一。研究表明，紫菜多糖具有多种生物活性，如降血脂、降血压、增强免疫力、抗氧化、抗肿瘤等作用。

此外，紫菜富含膳食纤维，约占21%，其中可溶性膳食纤维比例很高。适量摄入膳食纤维可有效地缓解和预防便秘、糖尿病、高血压、胆结石、动脉硬化等疾病。

活的紫菜藻体是紫红、紫褐或者褐绿色的，它的颜色是由叶绿素、类胡萝卜素、藻红蛋白和藻蓝蛋白这些天然色素调和出来的。藻

胆蛋白是藻红蛋白、藻蓝蛋白和别藻蓝蛋白等的总称，藻胆蛋白在紫菜中含量较高，约占干质量的4%，藻胆蛋白具有降血糖、抗肿瘤、抗氧化及增强免疫力等作用。

总的来看，紫菜含有丰富的蛋白质、糖类、不饱和脂肪酸、维生素和矿物质，具有很高的营养价值，在抗衰老、降血脂、抗肿瘤等多方面有很高的研究、开发和利用价值。

这些人群需注意

紫菜中的嘌呤含量比较高，高尿酸或痛风人群要注意不能大量食用。

紫菜中碘含量也很高，一般推荐每天碘元素摄入量为120微克，最好不超过600微克，如果每天都用加碘盐进行烹饪，再多吃紫菜就容易碘过量。尤其是甲状腺疾病患者，需要根据自己的具体情况遵医嘱食用。

贰

二 水产品的选购与储藏

哪些水产品必须买鲜活的？

　　水产品因口感独特、味道鲜美、富含优质蛋白质和不饱和脂肪酸等多种营养成分而深受消费者喜爱，常见的动物性水产品主要有鱼、虾、蟹和贝类等。

　　由于水产品含有丰富的蛋白质等营养物质，在适宜的条件下，含氨基酸脱羧酶的微生物可作用于游离氨基酸脱羧产生生物胺。生物胺是动物、植物和多数微生物体内的正常生理成分，在机体细胞活动中发挥着重要作用。但是，高浓度的生物胺不仅会严重影响食品风味甚至改变其成分，还会对人体产生严重的毒害作用，可造成人神经系统和心血管系统损伤。组胺是生物胺的一种，我国规定高组胺鱼类组胺含量不能超过400毫克／千克，其他鱼类组胺含量不能超过200毫克／千克。组胺多存在于腐败海鱼中，在其他腐败肉类和果蔬中也能检测到组胺但含量较低，因此组胺常用于衡量鱼肉的新鲜程度。

这些水产品要买鲜活的

按照《食品安全国家标准　鲜、冻动物性水产品》(GB 2733—2015)，高组胺鱼类是指鲐鱼、鲹鱼、竹荚鱼、鲭鱼、鲣鱼、金枪鱼、秋刀鱼、马鲛鱼、沙丁鱼等青皮红肉海水鱼。

虾、蟹、蛤蜊、扇贝、鱿鱼也有较多组胺检出的报道。

我们应该如何做？

(1) 要选购新鲜的水产品，或者在冷藏或冷冻条件下售卖的水产品，避免采购、制售腐败变质的鲜、冻水产品。

(2) 查验产品生产日期，避免购入低温储存时间过久的冰鲜水产品，购买后的冰鲜水产品应尽快加工食用。

(3) 冰鲜水产品（尤其是高组胺鱼类）的储存、运输均应保证在低温冷冻状态（−18℃或更低温度）下进行。

(4) 严禁对冰鲜水产品反复冻融，解冻后的冰鲜水产品应全部尽快加工、烹饪、食用，尽量缩短从解冻至进食的时间间隔。存放温度达不到冷冻条件、解冻后重新冷冻存放或反复解冻，均会使高组胺鱼类的组胺值快速增长，可能存在食品安全风险。冷冻水产品的解冻方式对组胺含量也有影响，一般置于冷藏条件（4℃）下缓慢解冻可减少组胺产生，同时可以较好地维持鱼肉组织结构，减少汁液流失，保持良好口感。

(5) 烹饪方法要注意，烹调前应去掉内脏并洗净，建议采用清蒸、红烧、焖等烹调方法，油煎或油炸会使高组胺鱼类的组胺值增长，可能存在食品安全风险。

我们在食用水产品时，要注意新鲜度和存储条件及烹饪方式，不食用腐败的水产品，以免摄入过量的组胺导致中毒。

如何挑选活鱼？

在菜市场或商超里，我们会看到各类鲜活或冰鲜的水产品。那么，养殖在市场上各种水体中的活鱼该如何挑选呢？

到正规超市或市场选购

为了确保食品安全，我们要到正规超市或市场选购生鲜水产品，选购时可使用塑料袋反套住手来挑选，避免用手直接接触。在家中应该准备专门清洗生鲜水产品的容器，并用流动的清洁水进行清洗，有专用的刀具和砧板等工具，切完后要及时清洗、消毒砧板等工具，并使用肥皂和流动水洗手至少20秒。

1 看鱼体

2 嗅气味

3 摸鱼体

如何挑选活鱼？

第一，看鱼体。养殖活鱼的水体应清澈洁净，鱼在水中活动速度快、频率高。喜欢在鱼池底部和中间游动的鱼品质最佳。腹部朝上、头朝上倾斜、呼吸较弱（观察鱼鳃活动情况）的鱼尽量少选。

鱼体要光泽正常，体表完整，体型匀称。鱼眼睛明亮无浑浊，鱼鳃丝清晰呈鲜红色。鱼鳞完整，外表不长毛、不长斑、无腐烂部位。

如果是选购已经被宰杀的鱼，要观察鱼的眼睛，鱼的眼睛越明亮、干净、饱满就越新鲜，若黯淡无光、有大量淤血、鱼眼内陷较深则相对不新鲜。

第二，嗅气味。鲜活鱼不应有腥臭或腐败味。

第三，摸鱼体。新鲜的鱼，手指按压不凹陷，肉质紧实有弹性，鱼鳞不易脱落。

选购好水产品后，应低温贮存并尽快食用。如当天食用，可贮存在冰箱保鲜区；否则，应放在冰箱冷冻区（-18℃以下），并用保鲜袋或保鲜膜包严，减少与空气的接触，延缓氧化，同时也可减少脱水。

新鲜的鱼虾，如果严格在-18℃以下贮存，保质期可在6个月以上。但是，家用冰箱门经常开关，温度波动较大，故建议在冰箱冷冻区贮存不超过2个月。

26

如何判断鲜鱼新鲜度？

鱼是否新鲜，可以从这几个方面进行判断：

（1）眼球　新鲜鱼的眼球饱满突出，角膜透明清亮，有弹性；不新鲜的鱼眼球塌陷，角膜浑浊，虹膜和眼腔被浸红。

（2）鳃部　新鲜鱼的鳃丝清晰呈鲜红色，黏液透明，略带海水鱼的海藻味或淡水鱼的土腥味，无异臭味；不新鲜的鱼鳃部呈褐色、灰白色，有浑浊的黏液，带有酸臭或陈腐味。

（3）体表　新鲜鱼体表有透明黏液，鳞片完整有光泽，紧贴鱼体，不易脱落；不新鲜鱼体表黏液污秽，并有腐败味，鳞片暗淡无光泽，易脱落。

（4）肌肉　新鲜鱼的肌肉坚实有弹性，手指按压后凹陷立即消失，无异味，肌肉切面有光泽；不新鲜鱼的肌肉松软，手指按压后凹陷不易消失，有霉味和酸臭味，肌肉易与骨骼分离。

（5）腹部　新鲜鱼的腹部正常不膨胀，肛门紧缩；不新鲜鱼的腹部膨胀变软，表面发暗或有淡绿色斑点，肛门向外突出。

如何判断冻鱼新鲜度？　27

　　鱼虾贝类等易腐水产品要长期保存，必须经过冻结处理，中心温度达到−18℃以下，并在−18℃的低温冷链中贮藏、流通和销售。冷冻水产品一旦环境温度上升就会升温或部分融化，细菌开始繁殖，品质就会下降。因此，消费者选购冷冻水产品后要尽快带回家，放入冰箱冷冻室贮藏，防止其升温、融化。避免长时间存放，与熟食要分层存放。一旦解冻，极易变质，应及时食用，不要将其放入冰箱内第二次冷冻。

　　鲜鱼经低温冻结以后，鱼体发硬，其质量优劣不如鲜鱼那么容易鉴别。冻鱼的鉴别可从眼球、体表、肌肉组织等几个方面进行判断：

　　(1) 鱼眼　质量好的冻鱼，眼球凸起、黑白分明、洁净无污物；如果

眼球下陷，有一层白膜的冻鱼则次之。死后冰冻的鲜鱼，眼球不突出，但仍透明。

（2）体表　由新鲜鱼直接冰冻而成的鱼，鱼鳍平直、紧贴鱼体，鱼鳞无缺、鳞片上附有冻结的色泽鲜明、不混浊的黏液层；鱼体结实、色泽发亮、洁白无污物、鱼体完整。很多鱼鳞细小的海鱼，无法从鱼鳞上辨别，可观察鱼体是否完整，有无划痕或缺失。由死亡时间较长的鱼冰冻，则鱼体发胀，颜色灰暗或泛黄，鳞片不完整，无光泽，有污物。重复冷冻的鱼，鱼皮、鱼鳞呈暗色。

（3）肛门　是判断冻鱼是否新鲜的一项主要指标。鱼体表面最易变质的是肛门，因鱼肠道内微生物较多，死亡时间过长，鱼肠道就会腐烂。不新鲜的鱼，肛门松弛、腐烂、红肿、突出、面积大、有破裂。新鲜的鱼的肛门完整无裂，外形紧缩，无黄红浑浊颜色。

（4）冰冻的分割鱼　有些鱼是分割成小包装进行出售的，要观察鱼肉和鱼皮是否紧密相连，同时还要仔细观察刀截面。如果刀截面整齐划一，则为鲜鱼；如果刀截面不整齐，很模糊，边缘有冻融小块，肉质松紧不一，则是劣质鱼。如果是在冷冻前去头去内脏的鱼，刀截面看不出新鲜度，则需看肛门和鱼皮、鱼鳞。

0℃冰冻鱼包括金枪鱼、石斑鱼、三文鱼等，如果冷冻温度过低，会影响鱼肉品质，通常是0℃冰块冷冻。但在销售时，这类大型鱼的肉都是分割开的，也需要通过刀截面鉴别肉质的优劣。

28

如何选购大闸蟹？

　　"秋风起，蟹脚痒，九月圆脐十月尖"。秋季是大闸蟹的消费旺季，此时的大闸蟹也最肥美。按我国农历计算，九月宜食雌蟹，蟹黄多；十月宜食雄蟹，膏满肉肥。面对大小不一的各种螃蟹，该如何挑选？购买和食用大闸蟹都要掌握正确的方法。

必须买活蟹

　　新鲜的大闸蟹，用手触动其眼睛，眼柄会灵活闪动，反应敏捷。捆绑好的大闸蟹放入水中，其嘴巴会吐气泡，把最细小的蟹爪拉直，其有弹力且能很快自然弯曲。解开捆绑好的蟹，能爬行且爬行时腹部离地，将其翻转后，可迅速用腿弹转翻回。如果用手抓起大闸蟹，蟹虽活但蟹脚略有下垂，则为撑脚蟹，是濒临死亡的蟹，不宜购买。

如何挑选活蟹？

　　在选择大闸蟹时，可以观察大闸蟹"爪、毛、壳、腿"四个部位的特征来判断其新鲜度。爪尖呈金黄色或淡黄色，灵活有弹力，拉开后能快速自然弯曲；螯和腿上的刚毛呈淡黄色或金黄色，整齐致密无失水脱落；蟹壳呈明亮的青色，蟹肚白而有光泽；蟹腿有力，能腹部离地爬行，腹部朝上时能迅速用腿翻回。

　　除了新鲜度外，可通过"看、掂、掐"三个技巧挑选优质大闸蟹：

（1）看　优质大闸蟹背甲呈青泥色，光滑而有光泽，腹部晶莹洁白无墨色斑点，蟹腿丛生黄毛，色泽光亮，坚实有力，脐部圆润，向外隆起，双螯腾空；瘦弱的大闸蟹背壳颜色浅，光泽度较低，绒毛稀疏。蟹膏、蟹黄多的大闸蟹，肚脐会向外鼓起，按压会感受到弹性和阻力，而且肚脐边缘泛黄，而蟹膏、蟹黄少的大闸蟹肚脐较为干瘪，按压不会有明显的阻力。

（2）掂　外观看来大小相近的大闸蟹，用手掂量有分量感的蟹较为肥美。

（3）掐　用食指及拇指用力掐蟹腿，非常硬、无空洞感的是好蟹。

煮熟后剥开蟹的脐盖，壳内蟹黄多而整齐，凝聚成形的蟹品质更优。另外，如蟹膏鲜艳，蟹脐两旁会透出红色。

即买即食用

鲜活大闸蟹最好尽快食用，避免死亡或品质下降。鲜活大闸蟹如不能立即食用，保存前忌用急流水冲洗，应将大闸蟹双螯及其他腿捆紧，再盖上拧干水的湿毛巾，置冰箱冷藏室，并尽快加工食用。

食用前应先用刷子把大闸蟹清洗干净，将绑好的蟹腹部朝上摆放在蒸盘中，冷水上锅，水烧滚后蒸15分钟左右即可。

29

春季是河鲀最肥美的季节，如何正确选购河鲀？

"蒌蒿满地芦芽短，正是河豚欲上时。"每年3—5月，是河鲀最肥美的季节。不过，虽然河鲀肉质鲜美，但却可能含有河鲀毒素，存在较大的食品安全风险。

目前，我们对河鲀产生毒素的机理已经基本了解。经专业养殖场人工养殖的河鲀，采用全淡水及无毒饲料，含毒量已大大降低，基本可控。那么，如何挑选河鲀才能放心吃？

购买河鲀制品要把好3关

根据有关文件，所有种类的野生河鲀禁止加工经营。放开的仅限养殖红鳍东方鲀与养殖暗纹东方鲀，并应当经具备条件的农产品加工企业加工后方可销售。加工企业的河鲀应来源于经农业农村部备案的河鲀鱼源基地。

另外，只是放开了河鲀加工制品，依然禁止销售河鲀活鱼及整鱼。养殖河鲀的可食部位为皮、肉（可带骨），不包含精巢、卵巢、肝脏等部位。因此，我们在购买河鲀制品的时候要把好3关：

把好3关

1 检查河鲀的合法身份

2 必须持证上岗

3 是否存在变质

一是检查河鲀的合法身份。销售的河鲀产品须为经具备条件的农产品加工企业按照相关标准加工并检验合格的，并须查验及留存产品检验合格证明及相关票证。因此，市面上能买到的合法养殖可供食用的河鲀都不是活鱼，而是宰杀后的鱼皮或鱼肉制品，且所有上市流通的河鲀外包装

上均有可追溯的二维码。在购买时应仔细查验产品包装上是否附带可追溯二维码，并查看其是否标明产品名称、执行标准、原料基地及加工企业名称和备案号、加工日期、保质期、保存条件、检验合格信息等。

二是从事河鲀烹饪行业必须持证上岗，因为烹饪河鲀具有一定危险性。

三是收到河鲀线上产品后，要检查河鲀在途中是否存在变质。

重要提醒

不购买、不自行捕捞和食用野生河鲀。不购买、不食用未经国家审批的企业加工的河鲀整鱼。

我国禁止任何商场超市、水产批发市场、农贸市场、餐饮服务单位、摊贩及个人经营野生河鲀、养殖河鲀活鱼、未经加工的河鲀整鱼及无合法资质的河鲀产品。

餐厅可售卖的河鲀须是"从农业农村部备案的河鲀鱼源基地采购的宰杀处理好的河鲀"。如果不放心，可以向餐厅经营者索要关于河鲀的相关证明。

30 如何选购海蜇？

　　海蜇是海洋中大型暖水性水母的习惯性统称，在我国沿海分布广泛。海蜇属刺胞动物，分为伞部和口腕两部分。

　　新鲜海蜇经三次食盐和明矾混合物腌制再提干贮藏的海蜇制品称为"三矾海蜇"，是中国特有的传统腌制水产品。腌制后海蜇的伞体部分称为"海蜇皮"，口腕部分称为"海蜇头"。

　　海蜇皮和海蜇头都是低脂肪、低胆固醇的食物，钙含量较为突出，嘌呤含量也很低，最常见的菜肴是凉拌海蜇丝（海蜇皮切成的丝）、凉拌海蜇头，口感脆爽，深受人们喜爱。

三矾海蜇

　　海蜇好不好吃，"三矾"工艺是关键。用明矾和盐腌制海蜇，是传统的做法。明矾的作用是让海蜇的蛋白质凝固，并加速脱水。盐除了脱水作用，还能防止微生物繁殖，有防腐作用。

　　正常的"三矾海蜇"，蜇头坚实光亮，呈略带浅红的玉色；蜇皮薄而微皱，色泽淡白、光洁，或稍带浅黄色。"二矾海蜇"比"三矾海蜇"少了"一矾"，虽然称重增加，但口感就差很多，且保质期短。

如何正确选购海蜇？

选购海蜇时，要注意区分干品和鲜品。肉质厚、水分含量多，用手触之有软绵感的海蜇，一般是未经盐矾处理的。加工处理后的海蜇，以鹅黄透亮、脆而有韧性者为佳。

上等海蜇皮卤水清亮，蜇皮为乳白色或淡黄色，呈半透明圆片状，整片大而平整，无孔洞及裂缝，薄厚均匀且松脆有韧性，无色斑及杂质。上等海蜇头呈白色或黄褐色，亮泽透明，肉质厚实，无泥沙等杂质，口感较海蜇皮更松脆。

购买新鲜海蜇时，应选厚重透明、无任何异味的蜇体。购买即食海蜇，要检查有无注册商标、批准文号、生产企业名称和地址、联系方式、生产日期及保质期，包装是否密封，是否有市场准入"SC"标志等，如出现胀袋、异味或液体浑浊，则不要食用。

凡是有异味或腐烂变质、卤水混浊有杂质、有刺激性气味者，不要选购食用。

特别提醒

海蜇虽美味，但用明矾腌制的海蜇一定要多冲洗几遍，经过正确处理才能食用。而鲜海蜇不宜食用，必须经盐、白矾反复浸渍处理，脱去水和毒性蛋白后方可食用。如果在海边碰到海蜇千万要远离，不能抓，即便是已经死亡的海蜇也不能碰，小心被蜇伤。发生赤潮海域的新鲜海蜇也不能食用。

如何辨别被毒死的鱼？

鉴别因农药等毒死的鱼，其窍门可用"三看一闻"：

（1）看鱼形　正常的鱼死后，腹鳍紧贴在肚子上；被农药毒死的鱼，腹鳍是张开的，并且很硬。

（2）看鱼眼　中毒鱼的鱼眼浑浊，失去应有的光泽，有的甚至向外鼓出。

（3）看鱼鳃　正常的鱼死后，嘴巴和鳃盖容易被拉开，鳃的颜色呈鲜红或淡红色；被农药毒死的鱼，嘴巴紧闭，鳃盖不容易被拉开，鳃的颜色呈紫红色或黑褐色。

（4）闻气味　中毒的鱼，因毒质不同而异味不一，如呈氨味、煤油味、汽油味、大蒜味、火药味等。正常的鱼死后，很容易引来苍蝇叮咬；被农药毒死的鱼，苍蝇一般不接近，更很少叮爬。

如何辨别被污染的鱼？

鱼肉味道鲜美，营养丰富，对健康大有益处，也深受人们喜爱，但如果食用被污染的鱼则对人体有害。日常生活中如何识别被污染的鱼呢？

（1）瞧鱼身　如果鱼鳞片部分脱落，鱼皮发黄，尾部灰青，部分肌肉发绿或腹部膨胀，这样的鱼通常受到重金属铬污染或者鱼塘大量使用碳酸铵化肥所致。

（2）观鱼形　通常来说，污染严重的鱼会出现形态异常、脊椎弯曲或脊尾弯曲僵硬、头大尾小等形体不整齐的现象。这样的鱼往往含有铬、铜等有毒有害的重金属物质。

（3）看鱼眼　有的鱼看上去体形、鱼鳃都正常，但眼睛浑浊，失去了正常光泽，有的甚至眼球明显向外突起，这样的鱼也需要注意。

（4）察鱼鳃　鳃是鱼的呼吸器官，水中含有的污染物会积蓄在鱼鳃中，被污染的鱼通常鱼鳃不光滑、较粗糙，呈暗红色或者灰色。

（5）闻鱼味　没有受污染的鱼有明显的鱼腥味，受污染的鱼则会出现异味，被不同毒物污染的鱼具有不同的气味。例如，被酚类污染的会有煤油味；被三硝基甲苯污染的会出现大蒜味；被硝基苯污染的有苦杏仁味；而氨水味、农药味则是被氨类或农药类所污染。

33

如何辨别患病的鱼？

在日常生活中，面对市场上琳琅满目的水产品，我们该如何辨别所要购买的鱼类是否患有病症？现介绍几种常见鱼病的感官鉴别方法：

察鱼体体表

一般患病的鱼，身体两侧肌肉、鱼鳍的基部，特别是臀鳍基部都有充血现象。

根据鱼体发病部位的不同，常见的疾病有以下几种：

（1）出血病　若病鱼仅鳃盖或鳍基部充血，皮肤充血不明显，撕开表皮，发现肌肉呈充血状或块状淤血，则为出血病。

（2）赤皮病　鱼的体表有局部充血、发炎、鳞片脱落的现象。

（3）打印病　尾柄及腹部两侧有火烙样的红斑或表皮腐烂呈印章状，病情重的肌肉腐烂成小坑，可见骨骼和内脏。

（4）鲴病　鱼的体表黏液较多并有小米粒大小、形似臭虫状的虫体在爬行。

（5）水霉病　鱼体两侧、腹背上下和尾部

等处，有棉絮状的白色长毛。

（6）车轮虫病　鱼苗、鱼种成群在池塘周边或池水表面狂游，且头部充血呈红点，死亡迅速。

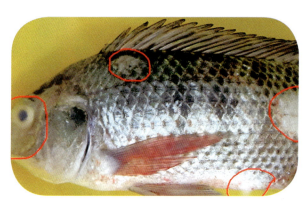

（7）小瓜虫病　体表白色亮点，离水2小时后亮点消失。

（8）卵甲藻病　体表有白色斑点，白点之间有出血或红色斑点。

（9）肠炎　病鱼腹部膨大，肛门红肿呈紫红色，发炎充血，轻压腹部有乳黄色液体流出。

（10）眼病　鱼的眼球突出，则是水中含有机酸或氨、氮含量过高造成的。

察鱼鳃

打开鱼鳃盖，检查鳃有无异样，正常的鳃丝整齐、紧密、呈鲜红色。

根据鳃丝的病症，常见的鱼病有：

（1）烂鳃病　鳃丝腐烂发白、尖端软骨外露，并有污泥和黏液。

（2）鳃霉病或球虫病　鳃丝发白呈贫血状。

（3）中华鳋病　鳃丝排列不规则，有紫红色小点，鳃丝末端有白色的虫体。

（4）指环虫病　鳃部浮肿，鳃盖张开不能闭合，鳃丝失去鲜红色呈暗淡色。

（5）车轮虫病或鳃隐鞭虫病　鳃丝表面呈浅白色，有凹凸不平的小点。

另外，鳃丝呈紫红色，并伴有大量黏液，则为有机氯中毒所致；鳃丝呈紫红色，黏液较少，则可能为池塘中缺氧引起泛池所致。

察肠道

打开鱼的腹部，取出肠管，正常的鱼肠管中充满食物或粪便，肠壁呈肉红色。若发现肠管全部或部分充血呈红色，肠壁不发炎则为出血病；充血发炎且伴有大量乳黄色黏液则为肠炎病；肠道呈白色且前段肿大，肠内壁有许多白色絮状物小结节则为球虫病或黏孢子虫病。

患病的鱼，通常体形消瘦，头大尾小；有的体表溃烂，或出现突起，或附着异物；有的肛门红肿、外突，或缺鳍烂尾，身体呈畸形。

如何辨别使用甲醛溶液泡发的水产品？

有些水产品看起来十分漂亮诱人，但有可能隐藏着潜在的危险，只有清楚地辨认出这些危害健康的危险，才能购买到健康的水产品，吃得安心，吃得健康。

如何辨别甲醛浸泡过的水产品？

一看外表：经过甲醛或双氧水浸泡的水产品，丰满鲜亮，如牡蛎身上附着的黏液会减少，皱褶清晰可见，汤水不浑浊；鱿鱼、虾仁的外观悦目鲜亮，色泽偏红，表面的黏液减少。

二闻味道：新鲜正常的水产品带有海腥味，经过浸泡的水产品会闻到一股刺激性的异味，类似医院的药水味。

三摸手感：经过溶液浸泡的水产品捏起来会比较硬实，没有弹性。例如，海参手感较硬，质地较脆，手捏易碎；鱿鱼、牡蛎等会变得光滑无黏感；虾类会变得又硬又脆，容易断碎。

四比价格：价格太过便宜的水产品很有可能经过这些溶液浸泡。

五尝味道：经过浸泡的水产品，吃到嘴里会感到生涩，缺少水产品特有的鲜味。

如何辨别添加工业碱泡发的水产品？

一看外观：正常水发水产品色泽是肉色的，外观不鲜亮；添加工业碱泡发的水产品外观异常鲜亮，特别纯白、肥嫩。

二闻气味：添加工业碱泡发的水产品闻起来有烧碱的气味。

三摸手感：正常的水发水产品质感略硬，有弹性；添加工业碱泡发的水产品摸起来很绵软。

四用试纸：用pH试纸测试，可达10左右，呈强碱性。

如何辨别一氧化碳保色的金枪鱼产品？

一看色：纯正、新鲜的金枪鱼产品，鱼肉显示鲜红色，光泽自然、鲜亮；一氧化碳处理过的金枪鱼，鱼肉呈粉红色，表面无光泽，在鱼块的横断面处易变色。

二触摸：经过一氧化碳处理的金枪鱼，用手触摸时无弹性。

三品尝：纯正、新鲜的金枪鱼口感鲜嫩，肉质圆润柔滑；一氧化碳处理过的金枪鱼肉，肉质干黏，没有金枪鱼特有的美味和香味。

叁

三 水产美食达人
必备常识

35

野生水产品一定比养殖的好吗？

野生PK养殖，不能简单而论

野生水产品，通常指在野外自然生长，而非经人工驯养的水产品，还可以衍生为人工放流到自然环境或逃逸到自然环境生长的水产品。严格意义上的野生水产品，即种质、环境均为野生的，没有受到基因污染和环境污染，安全性很高。养殖水产品主要包括人工苗在自然环境中自由生长；大水体区的网箱养殖；场地循环水养殖和鱼塘高密度养殖等。

由于产品品种的差异、地域的差异、使用水源的差异、养殖户观念的差异，其对应的产品安全性差别也很大。因此，并不能简单地以野生还是养殖而论。说野生，要了解到其苗种来源、环境的污染程度，甚至其食性（有些杂食性、腐食性的动物，其野生品的安全性远不如养殖）；谈养殖，要了解到底是何种养殖方式，饲养环境和饲料的管控如何，这样才有可比性。

野生水产品并不会比养殖的更安全

由于野生环境的污染存在时序、空间等不确定性，所以安全性具有不确定性。如果从预防寄生虫病的角度来讲，养殖的水产品比野生的更安全。

以虾为例，从营养成分比较看，研究显示，野生虾的 Ω-3 脂肪酸含量往往比养殖虾高很多，这可能是由于野生虾的食物比养殖饲料营养更丰富多样、脂肪酸比例更合理。野生虾体内含有的脂肪酸种类，尤其是多不饱和脂肪酸的种类多于养殖虾。野生虾比养殖虾有更高水平的 Ω-3 族和更低水平的 Ω-6 族不饱和脂肪酸。

从食用安全上看，则要具体分析生长环境。在同一片海域，低密度、生态养殖方式的养殖虾比野生虾更少受天然毒素和病害的影响，安全质量更可控。

目前，人们对于养殖水产品安全性最大的顾虑在于防治病害时药物的应用以及渔用饲料添加剂的使用，养殖水产品存在药物残留的安全隐患。实际上，野生水产品同样存在质量安全问题，一旦其生长水域受到污染，食品安全同样得不到保证。而养殖水产品在上市时，工商和质监部门会对其

进行抗生素残留等食品安全检测，拿到合格证方可进入市场。随着养殖技术的发展，业内越来越关注养殖环境的控制和选育优良种质来减少病害的发生，在养殖户和监管部门的共同努力下，养殖水产品的品质必然会不断提升。

另外，野生水产品最大的风险是品质不可控，其危害主要在于重金属富集和寄生虫两个方面。野生环境中，大鱼吃小鱼，小鱼吃虾米，虾米吃烂泥，水体中的重金属会层层富集。在寄生虫问题上，养殖水产品因为密度更高，一旦发生寄生虫，养殖水体中的水产品多数会受到影响，所以养殖用水要求很严格，要绝对避免寄生虫的暴发。野生水域中，鱼体基本上都会携带寄生虫，特别是肉食性鱼类，所以野生水产品并不会比养殖的更安全。

在口味上，野生水产品与养殖水产品相比，口感确实存在差异。野生水产品肉质紧实，口感更筋道，没有土腥味；养殖水产品口感偏柔软、细腻。现代养殖是一个不断筛选培育更符合人们偏好的过程，水产养殖人也在不断努力，让养殖水产品更可口。

综合来看，人工养殖水产品比野生水产品更安全。前提一定要是养殖环境选择、养殖操作规程、投入品品质安全控制都按照国家标准、行业标准来执行。

36

哪些水果不宜与海鲜同食？

许多人吃海鲜之后喜欢吃水果，以便缓解油腻感，殊不知，边吃海鲜边吃水果，容易造成腹泻，危害身体健康。

海鲜中的鱼、虾、藻类等都含有比较丰富

海鲜 ？ 水果

的蛋白质和钙等，如果与含有鞣酸的水果如葡萄、石榴、山楂、柿子、黑枣、冬枣等同食，不仅会降低蛋白质的营养价值，还容易使海鲜中的钙质与鞣酸结合，形成不易消化的物质。这些物质会刺激肠胃，引起人体不适，重者胃肠出血，轻者出现呕吐、头晕、恶心和腹痛、腹泻等症状。所以，吃了海鲜之后，不宜马上吃含鞣酸的水果，最好间隔2小时以上。

此外，吃完海鲜不宜喝茶的道理与不宜吃水果的原因类似。因为茶叶中也含有鞣酸，同样能与海鲜中的钙形成难溶的物质。在食用海鲜前后喝茶，都会增加钙与鞣酸相结合的机会。因此，在吃海鲜时最好别喝茶，想喝的话，也是最好间隔2小时以上。

为什么吃海鲜不能多喝啤酒？

在天气炎热时，吃海鲜喝啤酒成为很多人的标配，特别是在海滨城市，这几乎成了当地人一种独特的生活方式。不过，海鲜虽美味，但尽量不要边喝啤酒边吃海鲜。

吃海鲜不宜饮啤酒

海鲜是高蛋白、低脂肪食物，含有嘌呤和核苷酸两种成分；啤酒则富含分解这两种成分的重要催化剂——维生素 B_1。

吃海鲜的时候喝啤酒容易导致血尿酸水平急剧升高，诱发痛风，以至于出现痛风性肾病、痛风性关节炎等。同时，过敏体质者、神经性皮炎和湿疹等也不宜食用海鲜，因为海鲜的大量动物蛋白容易使过敏体质的人产生问题，再加上喝酒会促进血液循环，加速了过敏症的发生。

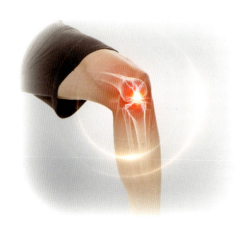

因此，长期吃海鲜喝啤酒，大量尿酸不能及时排出体外，易形成结石或引发痛风。建议大家吃海鲜时最好不要同时饮用啤酒，更不可作为长期饮食的"标配"，否则容易导致高尿酸血症。

食用海鲜时可以先水煮一

下，食用后适当多饮白开水，将尿酸排出体外。

特别提醒有高尿酸或者痛风的患者，尽量少吃或者不吃海鲜、不喝啤酒。对于豆制品、动物内脏、火锅等含高嘌呤的食物，也尽量少吃或者不要一起吃。

特别提醒

（1）吃海鲜不宜饮啤酒　食用海鲜时饮用大量啤酒会产生过多的尿酸从而引发痛风。尿酸过多便会沉积在关节和软组织中，进而引起关节和组织发炎。

（2）关节炎患者少吃海鲜　因海参、海鱼、海带、海菜等被人体食用、吸收后可在关节中形成尿酸结晶，使关节炎症状加重。

生食水产品有什么风险？

　　生食水产品是很多地方的特色饮食，主要以鲜活的鱼类、甲壳类（如虾、蟹）、贝类（如生蚝）、头足类（如鱿鱼）等海产品为主要原料，洁净加工后未经熟制直接食用。生食水产品在我国具有庞大的消费市场和消费群体，然而，生食水产品在带来"口福"的同时，也带来了诸多食品安全风险，如食源性寄生虫病、急性肠胃炎以及食物中毒等常见的由食用生食水产品后引发的健康问题屡见报道。那么，生食水产品存在哪些风险？

寄生虫感染

　　目前，对人体健康危害严重的食源性寄生虫有肝吸虫、肺吸虫、带绦虫、广州管圆线虫、异尖线虫等。而很多生鲜水产品内可能携带有肝吸虫、肺吸虫、广州管圆线虫、异尖线虫等寄生虫。

　　（1）异尖线虫　异尖线虫属于线虫的一种。人不是异尖线虫的适宜宿主，但幼虫可寄生于人体消化道各部位。人因食入含活异尖线虫幼虫的海水鱼和海产软体动物而感染，感染宿主后虫体主要寄生于胃肠壁，从而引起患者腹痛或过敏等反应。患者发病急骤，酷似外科急腹症，常致临床误诊。

（2）肝吸虫、肺吸虫　人或动物在生食或半生食含有肝吸虫活囊蚴的淡水鱼或虾后，大约经过一个月便可在肝脏胆管内发现瓜子仁状的成虫。在我国，华南属于肝吸虫病高发地区，究其原因，不得不提鱼生。生鱼片未经热处理加工便与其他辅料一同进入口中，肝吸虫可能伺机侵入人体肝脏。而肺吸虫主要寄生于肺部，第二宿主多为溪蟹、蝲蛄等，食用生腌或未煮熟的淡水螃蟹、龙虾，如醉蟹，可能会导致肺吸虫感染。

（3）广州管圆线虫　广州管圆线虫多存在于陆地螺、淡水虾、蟾蜍、蛙、蛇等动物体内，如果不经煮熟就吃，很容易感染。广州管圆线虫幼虫可进入人脑等器官，会引起头痛、头晕、发热、颈部僵硬、面神经瘫痪等症状，重者可导致瘫痪、死亡。广州管圆线虫病的预防主要是不吃生或半生的螺类或鱼类，不吃生菜、不喝生水；还应防止在加工螺类的过程中受感染。

细菌感染

生食或半生食水产品可能会引发副溶血性弧菌、沙门氏菌、李斯特氏菌、金黄色葡萄球菌等感染。

（1）副溶血性弧菌　副溶血性弧菌可污染的海产品种类较广，如海洋鱼类、虾、蟹、贝类等。副溶血性弧菌感染最常见的症状是急性胃肠炎，如剧烈腹痛、脐部阵发性绞痛等。

（2）沙门氏菌　沙门氏菌被认为是目前世界范围内最重要的食源性致病菌之一，日常食材中肉类（尤其是禽肉）、蛋类及蛋制品、水产品等很多食品都是沙门氏菌的主要藏身地。沙门氏菌感染开始表现为头痛、恶心、食欲不振，后出现呕吐、腹泻、腹痛。

（3）李斯特氏菌　李斯特氏菌在环境中无处不在，绝大多数食品中都存在该菌。肉类、蛋类、海产品、乳制品、蔬菜等都已被证实是李斯特氏菌的感染源。李斯特氏菌能引起呕吐、恶心、持续发热、肌肉疼痛等症状，严重可导致脑膜炎、败血症，并且可导致早产、新生儿感染，甚至死产。

（4）金黄色葡萄球菌　金黄色葡萄球菌广泛存在于自然环境中，如空气、土壤，是一种常见的微生物，在未煮熟的牛排或生鱼片中会含有金黄色葡萄球菌。金黄色葡萄球菌发病急骤，主要表现恶心、呕吐、中上腹痛、腹泻等，以呕吐最为显著，呕吐物常含胆汁，或含血或黏液。体温大都正常或略高。

病毒感染

海产品中病毒以诺如病毒最为常见，生蚝、蛤等贝类海产品容易富集诺如病毒，生食受其污染的水产品可引起恶心、腹泻、呕吐、发热等不适症状。生蚝诺如病毒总检出率以冬季最高，可高达30%。因此，诺如病毒食源性疾病在冬季尤为高发。

选择有资质的经营店
购买新鲜的产品
产品需低温贮存
选择合格餐厅就餐
切忌贪"生"怕"熟"

如何防范生食水产品风险

（1）选择有资质的经营店　选择有营业执照等资质的食品经营店购买新鲜水产品，并留存购买凭证。如有涉及购买进口冷链食品，需留意是否取得入境货物检验检疫证明。

（2）购买新鲜的产品　购买生食水产品应购买新鲜产品，原则是"即食即作、即作即食"，要查看食物是否存在明显的腐败变质或感官性状异常的情况，观察产品色泽是否正常，按压产品看其是否有弹性，判断产品是否新鲜。

（3）产品需低温贮存　选购新鲜水产品后，若不能立即食用，务必将其置于冰箱中贮存，以延缓微生物生长和不良气味的产生。贮藏了一段时间水产品若闻到有不良气味，则不可继续食用。

（4）选择合格餐厅就餐　查看经营生食类水产品餐饮服务单位食品经营许可证，经营范围应标注"生食类食品制售"的项目，如果未取得该许可项目而从事生食类食品制售的属于超范围经营。在不符合食品加工制作要求环境下制作生食类食品极易造成食源性疾病的发生。

（5）切忌贪"生"怕"熟"　只要彻底煮熟，就能放心享用水产品。需要注意的是，如果生滚鱼片或涮鱼片时加热时间不够，有可能无法杀死寄生虫。此外，生、熟砧板要分开使用，不要用盛过生鱼虾的容器盛放熟食，以避免交叉污染。同时，需要提醒的是，酒、芥末等并不能杀死寄生虫及病菌。

哪些人不宜吃海鲜？

海鲜的营养成分主要是优质蛋白质，多不饱和脂肪酸，维生素A、维生素D、维生素E和烟酸等多种维生素，以及钙、磷、硒、镁、铁、锌等多种矿物质。海鲜虽然美味，但不是人人都能享用，以下人群不适宜吃海鲜：

（1）过敏体质人群　有些人可能对鱼虾贝蟹等海鲜过敏，或者湿疹皮炎处于急性期，食用海鲜可能会加重过敏的症状，轻者出现皮炎湿疹，重者甚至出现呼吸困难、腹痛等过敏性休克的症状。

（2）患有相关疾病的人　痛风、高血脂患者，严重的肝肾功能损害者、有凝血功能障碍的人以及相关肝病、胆囊疾病和胃肠道疾病患者，这些人群在食用海鲜时应该谨慎。

（3）备孕、孕妇或哺乳期的妇女　由于海鲜可能含有汞和其他重金属，此类人群应限制摄入量以避免对胎儿造成损害。

（4）年幼的儿童　由于儿童消化系统尚未完全发育，他们可能更容易受到海鲜中的细菌和其他有害物质的影响。

因此，以上人群在食用海鲜前可咨询医生的建议，确保安全与健康。

哪些鱼不新鲜会引起组胺中毒？

　　鱼肉营养价值高，味道鲜美，是人们餐桌上的美味佳肴。但是，鱼类如果贮存不当导致不新鲜，就容易产生组胺，一旦食用组胺含量高的鱼类便可能引起人体组胺中毒。

什么是组胺中毒？

　　因食物引起的组胺中毒是一种过敏性食物中毒，多因食用组胺含量较多、不新鲜的海鲜，同时也与进食者个人体质的过敏性有关，而导致头晕、头痛、呕吐等症状，严重者可出现哮喘等严重中毒后果。

组胺国家标准

　　《食品安全国家标准鲜、冻动物性水产品》（GB 2733—2015）中规定鲜、冻的高组胺鱼类（包括鲐鱼、鲹鱼、竹筴鱼、鲭鱼、鲣鱼、金枪鱼、秋刀鱼、马鲛鱼、沙丁鱼等青皮红肉海水鱼）组胺含量每100克中应不超过40毫克，鲜、冻的其他海水鱼类组胺含量每100克中应不超过20毫克。

组胺产生的原因

高组胺鱼类，因含有较高水平的组氨酸，极易因贮藏条件不当而出现组胺产生与积累的问题。当鱼体不新鲜或腐败时，污染鱼体的细菌产生脱羧酶，使组氨酸脱羧基形成大量的组胺。高组胺鱼类，如果在捕捞、冰冻储存、转运过程中已有部分变质，在解冻加工过程中，会加速细菌将组氨酸转化为组胺。一般情况下，在温度15～37℃、有氧、弱酸性（pH6.0～6.2）和渗透压不高（盐分含量3%～5%）的条件下，适于组氨酸分解形成组胺。

同时，值得注意的是，组胺耐热，易溶于水，一般蒸、煮、微波、油炸等加热方法均不易被破坏。低温并不能完全抑制产组胺微生物的繁殖，存在一些嗜冷菌可在低温产生组胺。

哪些鱼类会引起组胺中毒？

鲐鱼、鲹鱼、竹筴鱼、鲭鱼、鲣鱼、金枪鱼、秋刀鱼、马鲛鱼、沙丁鱼等青皮红肉的海水鱼，体内含有丰富的游离组氨酸，并存在产组胺的微生物，在适宜条件下极易产生组胺，属于高组胺鱼类。

当这类鱼贮存不当，鱼不新鲜时，尤其是捕获后的一段时间，细菌会把鱼类中组氨酸转变成组胺，当组胺积蓄到一定量时，人进食后便产生过敏性中毒。食用不新鲜或腐败的鲐鱼等青皮红肉鱼类可引起中毒。腌制咸鱼时，原料不新鲜或腌得不透，含组胺较多，食后也可引起中毒。

如何避免组胺中毒？

最关键的是"新鲜"。尽量避免食用不新鲜或腐败变质的鱼类食品。常用的鱼类烹调方式，如清蒸、红烧等，降低组胺的能力有限。所以，腐败的鱼即使加热吃依然可能引起中毒。

鱼类食品必须在冷冻条件下贮藏和运输，冰鲜鱼类应贮存在4℃或以下，冷藏鱼类则贮存在-18℃或以下。在低温条件下，细菌生长缓慢，脱羧酶活性也较低，有利于减缓腐败过程和组胺生成。特别是在细菌最爱的炎炎夏日，一定要注意正确保存食物。

冷冻鱼的解冻方式对组胺含量也有影响，一般置于冷藏条件（4℃）下缓慢解冻有利于减少组胺产生，同时可以较好地维持鱼肉组织结构，减少汁液流失，保持良好口感。

对容易产生组胺的青皮红肉鱼类，在烹调前可采取一些去毒措施。首先应彻底刷洗鱼体，去除鱼头、内脏和血块，然后将鱼切成两半后以冷水浸泡几小时。在烹调时加入少许的醋，可使鱼中组胺含量下降65%以上。

而有过敏性疾病的患者，尽量避免食用这类鱼。此外，服用一些药物如降压药、治疗抑郁症的药物等的患者不宜食用含组氨多的海鱼。

煎焦了的鱼还能吃吗？

鱼类含有丰富的蛋白质，在油炸、油煎、烧烤等高温烹调时，很容易将鱼烧焦。在高温下，鱼中的蛋白质可能会形成具有致癌性和致突变性的化学物质——杂环胺、苯并芘。因此，烧焦的鱼建议不要再食用。

杂环胺

研究表明，烹调温度超过200℃，时间超过2分钟时，食物中会形成大量杂环胺。杂环胺本身无直接致癌性，是间接致癌物。杂环胺在人体内经过代谢活化后，所产生的代谢物具有强烈的致癌作用。此外，杂环胺还具有诱变性，能使组织细胞发生突变而引发癌细胞产生。

苯并芘

苯并芘是一种强致癌物质，其毒性超过黄曲霉素。高温油炸的鱼类，会产生苯并芘，并且油温越高，产生的苯并芘越多。多次使用的高温植物油、加热超过270℃所产生的油烟，都会产生苯并芘。此外，在熏烤鱼类时，所使用的木炭、冒出的烟雾、滴于火上的食物脂肪焦化产物热聚合反应都会形成苯并芘，并附着于食物表面。

因此，在日常烹调鱼类时，最好采用蒸、炖、煮等较为安全的烹饪方式，避免油炸、烧烤等容易产生有害物质的方式。

不过，在我们的日常烹饪中，食材难免会出现烧焦的部分，偶尔吃一点的摄入量远远达不到最终致癌的量，所以不必太过担心。同时，人体内还具备一整套抗癌的免疫防御系统，各种各样的"卫士"时刻在阻止癌症的发生。所以，为了保证口感和健康，尽量应该避免食用焦黑部分。

如何减少煎烤中的致癌物？

（1）原料预处理　把要烤的鱼类提前用香料腌制，其中含有的抗氧化物质能抑制致癌物的生成。

（2）控制加热时间和温度　提前将食材预热能有效减少正式烹饪的加热时间；炒菜时热锅冷油，保留食材营养的同时可以避免高温下丙烯酰胺等致癌物快速过多产生。

原料预处理　　控制加热时间和温度　　避免火焰直接接触熏制食物　　注意保持厨房卫生

（3）避免火焰直接接触熏制食物推荐使用更间接的液体烟代替气体烟熏制；烧烤食物推荐使用不接触明火的电烤箱，既避免了烟雾中致癌物附着在食物上，也直接阻止了油滴到火上而产生的强致癌物苯并芘。

（4）注意保持厨房卫生　日常炒菜时尽量使用抽油烟机，将含少量致癌物的烟气及时排出；炒完一道菜后，锅四周产生的黑色锅垢中也含有致癌物苯并芘，因此一定要刷锅后再做下道菜。

42

鱼翅特别有营养吗？

鱼翅是用鲨鱼、鳐鱼等软骨鱼类的鳍经干制而成的海产品，其供食部位主要是鱼鳍中细长而不分节的角质鳍条，是我国传统的海珍烹饪原料。物以稀为贵，人们觉得鱼翅味道鲜美，营养丰富，常将其推崇为"滋补佳品"。那么，鱼翅真的是特别有营养吗？

鱼翅的营养成分

研究发现，每100克鱼翅（干品）中含有蛋白质83.5克、脂肪0.3克、钙146毫克、铁15.2毫克、磷194毫克，属于高蛋白、低脂肪的食品。

研究显示，鱼翅中氨基酸种类齐全，但必需氨基酸质量分数仅为17.93% ～ 22.61%，不符合FAO/WHO提出的氨基酸模式标准，鱼翅并非优质蛋白源。

鱼翅中共检出16种脂肪酸，饱和脂肪酸质量分数＞单不饱和脂肪酸质量分数＞多不饱和脂肪酸质量分数。

鱼翅含有丰富的油酸、DHA和花生四烯酸等具有重要生理活性的不饱和脂肪酸，且均符合理想脂肪酸的标准（多不饱和脂肪酸／饱和脂肪酸＞0.4）。

鱼翅中含有丰富的胶原蛋白，但胶原蛋白属于不完全蛋白的一种，因此吸收利用率较低，营养价值远不及来自鸡蛋、牛奶和肉类的蛋白质。

鱼翅中还含有一定的硫酸软骨素，其中全翅中硫酸软骨素含量非常高（镰状真鲨和大青鲨分别为2.67毫克／克和10.87毫克／克）。

从营养学的角度讲，鱼翅的主要成分是胶原蛋白，还有少量的矿物质。大分子蛋白质在人体中不会被直接吸收，胶原蛋白在人体内会转化为氨基酸。从供应营养的角度来说，鱼翅并无特别之处。

> 鱼翅并无特别之处，多吃鲨鱼肉、鱼翅还可能对健康有害。

小心汞含量

有研究发现，鱼翅含有水银和其他重金属的含量均比其他鱼类高得多。这是因为鲨鱼是食物链顶端的捕食者，比起普通的海鱼，其体内容易积聚重金属（包括有机汞）等有害物质。根据美国食品药品监督管理局(FDA)1990—2010年市售鱼类与贝类中汞含量数据显示，鲨鱼是汞含量最多的四种海产品之一。汞主要损害人的中枢神经系统、消化系统及肾脏，更为重要的是，汞能通过母体进入胎儿体内，影响胎儿神经系统的发育。因此，多吃鲨鱼肉、鱼翅还可能对健康有害。

43

河鲀可以自行烹调食用吗？

自古民谚说："不食河豚，焉知鱼味？食了河豚，百鲜无味。"虽然河鲀味道特别鲜美，还有一定的营养价值和保健作用，但由于河鲀体内含有剧毒的河鲀毒素，稍有不慎，容易发生中毒。因此，河鲀虽好，普通消费者切不可自行烹调食用来源不明的河鲀整鱼，以免发生中毒。

河鲀家族庞大，不同季节、不同种类的河鲀的河鲀毒素含量差别很大，有的河鲀属于剧毒级别，食用少许就可引起中毒甚至死亡。河鲀的不同部位毒素含量差异也很大，有毒河鲀的肝、脾、胃、卵巢、卵子、睾丸、皮肤以及血液均含有河鲀毒素，其中以卵和卵巢的毒性最大。而部分河鲀的肌肉为弱毒。

每年3—5月是河鲀卵巢发育期，毒性最强，只有部分肌肉无毒或微毒。如果加工处理不当，肌肉也容易受到毒素污染，特别是河鲀死亡后，其内脏中的毒素会渗入肌肉，人食用后也会发生中毒。

河鲀的毒素不易被破坏，它既耐酸又抗高温，即使经日晒或用30%的盐腌1～2个月后其毒性仍然无法消除。

因此，目前我国河鲀鱼的市场消费还未完全放开。根据有关文件，所有的野生河鲀鱼禁止加工经营。放开的品种仅限养殖红鳍东方鲀与养殖暗纹东方鲀，并应当经具备条件的农产品加工企业加工后方可销售。加工企业的河鲀应来源于经农业农村部备案的河鲀鱼源基地。另外，只是放开了河鲀鱼加工制品，依然禁止销售河鲀活鱼及整鱼。养殖河鲀鱼的可食部位为皮、肉（可带骨），不包含精、卵巢、肝脏等部位。

禁止食用野生河鲀

我国禁止任何商场超市、水产批发市场、农贸市场、餐饮服务单位、摊贩及个人经营野生河鲀、养殖河鲀活鱼、未经加工的河鲀整鱼及无合法资质的河鲀鱼产品。

养殖红鳍东方鲀

养殖暗纹东方鲀

海鲜会造成体内重金属超标？怎么吃更健康？

海产品因含有丰富的营养物质，如容易消化吸收的蛋白质、Ω-3系列不饱和脂肪酸、维生素及矿物质等，非常适合男女老幼食用。但同时，由于水体环境、大气污染等因素影响，海产品容易出现重金属超标。

海鲜的重金属富集问题

从重金属角度来看，镉在甲壳类、贝类、海藻类中富集度最高，其次为鱼类；砷在贝类、海藻类、甲壳类和鱼类富集程度最高；铬易在海藻类、贝类、弹涂鱼中富集，甲壳类和头足类次之；铅在海藻类、海瓜子（虹彩樱蛤）和海鱼中较易富集。

从海产品角度来看，甲壳类和贝类对镉和砷的富集能力较强；软体类对铬和砷的富集能力较强；海鱼类对砷、铬的富集能力较强。海藻类是一

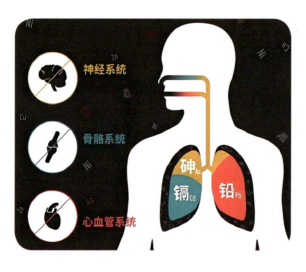

种良好的重金属吸附剂，羊栖菜对砷和镉的富集能力很强，其对砷的富集能力超过了海带和紫菜。海带和紫菜对铅和镉有特异性富集作用，紫菜对镉、铬的富集能力强于海带。

在海产品所含的各

种重金属中，最需要关注的当属甲基汞。甲基汞广泛存在于江河湖海里，被食物链底端的鱼虾摄取后，会通过食物链在中大型鱼体内富集，如金枪鱼、鲨鱼和旗鱼等。甲基汞会影响神经系统的发育，所以孕妇和儿童尤其要注意。在自然界的食物链中位置越高的生物，体内积聚的甲基汞含量可能越高。WHO和FAO提出，人体对甲基汞每周可耐受最高摄入量为每千克体重1.6微克。

如何吃海鲜更健康？

实际上，所有食物中都含有重金属，关键在于风险的大小。对于大多数人来说，只是偶尔食用海鲜，摄入量远不及水果、蔬菜、禽肉，更不及米面等主食。因此，海鲜是否会对人体产生危害，还要看人们究竟吃了多少。

大量研究结果显示，尽管海鲜中的确会有重金属，某些海鲜中的重金属含量还不低，但健康风险却不一定比其他食物更高。以目前人们的海鲜食用量来看，通常都是安全的。

那么，如何才能尽量减少海鲜中重金属的摄入呢？

第一，购买海鲜时要了解它的产区，不吃来历不明的海鲜。产地的差异会在一定程度上影响海产品的污染程度，因此尽量避免工业污染地区生产的海产品。同时，野生环境的水产往往有更高的安全风险，因此，谨慎食用任何来历不明的野生海鲜水产。

不吃来历不明的海鲜

少吃或者不吃内脏、头部等

控制海鲜的摄入量

海鱼中的高汞鱼类尽量不要吃

可食用蔬菜、水果等帮助排出重金属

第二，少吃或者不吃内脏、头部等。大量研究显示，在双壳类、腹足类等海产品中，肌肉中重金属含量往往最低，而消化系统、生殖系统等内脏器官中，重金属的含量往往更高。鱼头、鱼鳃等部位也很容易受到重金属污染。因此，尽量吃味道更鲜美的肌肉部分，少吃内脏和头部。

第三，海鱼中的高汞鱼类尽量不要吃。美国食品药品监督管理局（FDA）就建议妊娠和哺乳期女性不要吃方头鱼、鲨鱼、旗鱼和鲭鱼，因为它们的汞含量往往较高。大型野捕石斑鱼、大西洋胸棘鲷（长寿鱼）、野捕蓝旗金枪鱼、大型马鲛鱼（中华马鲛、康氏马鲛）、旗鱼、剑鱼、大型鲨类的汞含量很高，尽量避免食用。野捕长鳍金枪鱼、野捕黄鳍金枪鱼、野捕大眼金枪鱼、大型鲹鱼、银鳕鱼（犬牙鱼和裸盖鱼）等鱼类的汞含量偏高，应减少食用。

第四，控制海鲜的摄入量。海鲜好吃也要食用适量，《中国居民膳食指南（2022）》推荐每天水产品的摄入量为40～75克，只要在这个正常范围内，基本不用担心。此外，还要多吃新鲜的水果和蔬菜，保证食物的营养均衡。

第五，可食用蔬菜、水果等帮助排出重金属。例如，富含膳食纤维的食物芹菜、玉米、甘薯、口蘑等，能促进肠道蠕动；富含维生素C的食物苹果、猕猴桃、橙子等有助于促进新陈代谢；火龙果富含植物性白蛋白，在人体内遇到重金属离子会快速将其包裹，避免肠道吸收，再通过排泄系统将其排出体外；胡萝卜是有效的排汞食物，含有大量的果胶，可与汞结合，有效降低血液中汞的浓度，加速其排出。

总之，海鲜富含优质蛋白质和多不饱和脂肪酸，总体营养价值很高。只要大家不食用过多，不吃一些高汞的大型鱼类，对于身体健康还是很有益处的。

舌尖上的水产品——漫话营养与健康

114

45

哪些食物不宜与水产品同食？

　　河鲜、海鲜不但味道鲜美，还含有丰富的营养成分。不过，如果食用不当，也会引起身体不适，甚至食物中毒。

海虾不宜与富含维生素C的食物同食

　　海虾体内含有人体非必需的微量元素砷，它是以五价砷化物的形式存在，食用后一般对人体并无毒害性。但如果遇到具有还原性的维生素C，虾肉中的五价砷化物转变为三价砷化物，则具有较强的毒性，对人体健康有危害。因此，海虾不宜与辣椒、番茄等富含维生素C的蔬菜同食。

富含维生素B_1的食物不宜与生食水产品同食

　　水产品蚬、蛤、毛蚶、蟹等体内都含有维生素B_1分解酶，如果生食或半生食这些水产品，同时食用芹菜、谷类、肉类等富含维生素B_1的食物，水

产品中的维生素B_1分解酶会分解这些食物中的维生素B_1，使营养成分遭受损失。

牡蛎不宜与蚕豆同食

牡蛎营养丰富，每100克牡蛎肉含有100毫克左右的矿物质锌，但牡蛎肉不宜与蚕豆、玉米及其他高纤维食品同时食用，因为这些食物中所含的高纤维会使牡蛎肉中锌的吸收减少60%～100%，从而降低其营养价值。

另外，如前文所述，含鞣酸的水果不宜与海鲜同食；吃完海鲜后也不宜喝茶，而食用海鲜时饮用大量啤酒，会产生过多的尿酸，从而引发痛风。

为什么畸形鱼不能买不能吃？

在正常情况下，畸形鱼一般很少见到。鱼之所以畸形，主要是鱼生活的水中含有大量的汞、铅、铬等有毒物质。农业上使用的杀虫剂、除草剂等化学物质以及工业上未经处理的含有汞、镉、铅、铜

等金属的废水和废物的污染，会导致生活在这些水域环境中的鱼类也受到污染和危害，使其出现畸形。

鱼类如果长期生活在严重污染的水中，体内会积累不少的有毒物质。当污染特别严重时，鱼群会死亡。在中等程度污染的水体中，鱼群能生存下来，但会逐渐吸收水中的有毒成分，从而可能导致畸形。人食用后，轻者会造成慢性中毒，严重者会有生命危险。因此，凡是体形畸形，如头大、身瘦、尾尖、两眼突出、鱼体高圆、腹部增大、内有腹水、鳞片蓬松向外翘起的鱼类，不能买更不能吃。若鱼内脏有畸肿如肝大、局部畸肿，或者有骨瘤、肉瘤及鱼鳔消失的，也是畸形鱼，同样不可食用。

47 ▸ ▸ ▸ ▸

贝类中毒有哪些症状，如何处理？

　　贝类毒素是由于贝类摄食或共生有毒的藻类，毒素在贝类体内蓄积形成的。其出现有明显的地域性和季节性，赤潮发生时最多见。近年发现的高危贝类主要是贻贝（又称海虹、淡菜），其次是牡蛎、扇贝、蛤蜊等。

　　常见贝类毒素有腹泻性、麻痹性、神经性和记忆缺失性等，以腹泻性和麻痹性贝类毒素为主，中毒严重时可导致死亡。贝类毒素无色无味，不会使贝类本身产生肉眼可分辨的变化，冷冻和加热不能使毒素完全失活。特别提醒公众消费贝类时尽量到正规食品生产经营场所，避免在赤潮预警期间自行打捞食用海产品。

贝类毒素中毒症状

贝类中含有的毒素不同，其中毒症状也各异，一般有以下几种类型：

（1）日光性皮炎　中毒后3天左右发病，初期面部和外露的四肢部位出现红肿，并有发痒、疼痛、发胀、灼热等感觉。后期出现淤血斑、水疱或血疱，破溃后引起感染，并伴有头痛发热、食欲不振症状。

（2）麻痹型　即麻痹性贝类中毒，引起中毒的贝类有贻贝、扇贝、蛤仔、东风螺等，它们含毒成分主要是蛤蚌毒素。一般0.5～3小时后发病。早期有舌头、嘴唇、手指发麻或动作麻痹，行走不稳，并伴有发音障碍、头痛呕吐等症状。后期会因呼吸肌麻痹而导致死亡。

（3）肝型　引起中毒的贝类有蛤仔、巨牡蛎等，有毒部位是肝脏，一般1～2天发病。初期有胃部不适、恶心、呕吐、腹痛；还常有红色或暗红色出血斑，多见于肩胛部、胸部、上臂、下肢等。重者或发生急性肝萎缩、意识障碍或昏睡，预后不良，多有死亡发生。

贝类中毒后该如何处理？

我国多见的贝类中毒是日光性皮炎和麻痹型两种。发生贝类中毒后应尽快到医院治疗。

尽快到医院治疗！

48

秋食螃蟹正当时，这些食用注意事项你知道吗？

"九月团脐十月尖，持蟹饮酒菊花天"。每到秋季，肥美的大闸蟹堪称最令人垂涎的季节性美食。在营养方面，大闸蟹也是水产品中的佼佼者，大闸蟹属低脂肪高蛋白的食物，在必需氨基酸、必需脂肪酸、维生素A、维生素D、维生素E、卵磷脂等多方面的营养价值颇高。不过，吃蟹也要讲究科学，需注意以下几个问题：

不要吃生的大闸蟹

大闸蟹大多生活在淤泥中，在自然条件下以食水草、腐殖质为主，它的体表、鳃、胃肠中布满各种细菌，其中不乏致病菌，还可检出肺吸虫等寄生虫。如果生食大闸蟹，很容易被感染，引发肠胃疾病和寄生虫疾病。

很多沿海地区会吃醉蟹、炝蟹，这些都属于生蟹。除了常见的副溶血性弧菌、大肠杆菌以及各种寄生虫，生蟹还可能携带诺如病毒和甲肝病毒，这两种病原微生物的传染性都很强，可能还会连累身边的人一起

被感染。

因此，吃蟹要蒸熟煮透，蒸煮前要将蟹体洗净，特别是密生绒毛的两个大螯足。

不要吃死的大闸蟹

大闸蟹死后细菌会大量繁殖，并分解蟹肉中的氨基酸，产生一些对人体有害的生物胺，容易导致呕吐、腹泻、过敏等症状，严重的可能引起休克和脏器衰竭。因此，从食品安全角度考虑，不要吃死的大闸蟹。

不吃久存的熟蟹

螃蟹宜现煮现吃，如果煮熟的螃蟹吃不完，应放入冰箱，食用时要回锅煮透。但不能久贮，存放的熟蟹极易被细菌污染。

大闸蟹不宜与柿子、茶同食

大闸蟹含有丰富的蛋白质，如果与柿子、茶等含有鞣酸的食物同食，不仅会降低蛋白质的营养价值，还容易使蛋白质与鞣酸结合，形成不易消化的物质。这些物质会刺激肠胃，引起人体不适，重者胃肠出血，轻者出现呕吐、头晕、恶心和腹痛、腹泻等症状。

因此，吃了大闸蟹之后，不宜马上吃含鞣酸的水果，亦不宜喝茶，最好间隔2小时以上。

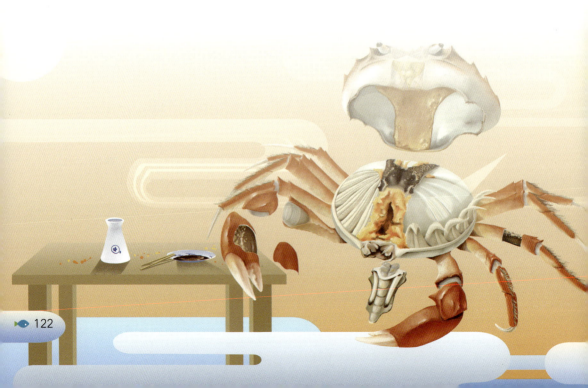

肆

四 水产品谣言
背后的真相

49

干紫菜撕不烂，紫菜竟然是塑料做的？

流言

曾经有视频说，"用手撕不烂的紫菜都是假紫菜，是用塑料做的"；还有人说，"紫菜根本嚼不烂，用打火机试着点燃紫菜，结果产生的味道很像塑料，怀疑紫菜里掺了塑料"。

　　紫菜之所以"嚼不烂、扯不断"，是受到采收期的影响，经过多次收割后的紫菜会越来越"老"，紫菜细胞的纤维素和胶质含量升高，使紫菜韧性较强。也就是说，富含胶类等多糖物质的紫菜，在采收晾干后，表面会变得光滑而富有韧性，采收时间越晚的紫菜越"结实"，韧性越强，越不容易撕烂。

　　紫菜因富含胶质，所以会有弹性，吃起来有嚼劲。浸泡时间较短，水温较凉等因素都可能导致紫菜难泡开、扯不断。

　　紫菜属于藻类，为单层细胞，不同于塑料薄膜结构，通过高倍显微镜观察，可看出两者之不同。

　　在家里用锅加热就可以判断紫菜里是否有塑料。如果发生了融化的现象，那基本可以判断它是假的紫菜，如果这个紫菜在加热过程中没有发生性状的变化，只是随着加热时间的推移，变成了一个碳化的过程，那基本确定它是真的紫菜。

　　从权威机构检测情况来看，目前没有发现有塑料紫菜的存在。至于有些紫菜韧性偏大，往往是它的生长年限或储存加工方法造成的，市民只要是从正规商家采购的紫菜，即可放心食用。

50

小龙虾是用污水养大的？

炎炎夏日，小龙虾配啤酒再惬意不过。"夜宵之王"小龙虾火了，关于小龙虾的谣言也满天飞："小龙虾是在污水里长大的""养小龙虾用污水"……

由于小龙虾是杂食动物，主要以水底有机物质、水草、藻类、水生昆虫、有机碎屑为食，所以生命力很强，能在污染水体生存。

虽然小龙虾能忍受污染的水质，但它们并不喜欢那样的环境。有学者专门做了实验，发现小龙虾更倾向于选择新鲜的食物，更喜欢清洁的水源，所以生活在污水中纯属被逼无奈。而且，小龙虾对环境的忍耐也有限度。如果水质差，小龙虾不仅繁殖困难，也长得差，蜕壳慢。在养殖条件下，小龙虾密度比较大，如果水很脏，它们的活力就会显著下降，天一热虾就会大批死亡，而且也经不起长途运输。所以养殖户会很注意水质管理，小龙虾是不可能在污水中长大的。

至于"小龙虾喜欢待在臭水沟"的说法，是小龙虾逆流而上的习性导致的误读。专家介绍，在20世纪60—70年代，排水系统多为露天，一旦下雨，小龙虾就顺着水势而上，给人造成了小龙虾喜脏、爱待在臭水沟的错觉。实际上，小龙虾对生长水域的环境要求甚至比一般鱼蟹还要高。

随着市场对小龙虾的需求量越来越大，我国小龙虾产业蓬勃发展，养殖面积和产量保持较快增长，养殖模式创新发展，全产业链和集群化发展水平不断提高。2021年，我国小龙虾养殖总面积已达到173万公顷，养殖总产量达到263.36万吨，位列我国淡水养殖品种第6位（前5位均为大宗淡水鱼品种）。养殖方式以稻虾共作生态种养为主，通过资源循环利用，将水稻种植、小龙虾养殖有机结合，出产的小龙虾完全达到食品安全标准，在正规市场出售的小龙虾，消费者可以放心购买、放心吃。

51

养黄鳝用避孕药催肥？

流言

市场上经常看到又粗又大的黄鳝，是因为用避孕药催肥的吗？

真相

　　黄鳝入口微弹、软糯味美，是高蛋白低脂肪的食物，由于其营养丰富、肉质鲜美，民间一直流传着"冬吃一枝参，夏吃一条鳝"的说法。

　　传言称"黄鳝在养殖过程中会喂食避孕药"，主要是因为黄鳝的"性逆转"现象。所谓性逆转，就是雌雄同体的生物在一定条件下性别发生转化的过程。黄鳝的性别随其体长、年龄变化而变化，早期为雌性，后转为间性，最后发育为雄性。就体长而言，中小个体（体长20厘米以下）的多为雌性；而较大个体（体长38厘米以上）多为雄性。从年龄结构看，雌性黄鳝多为低龄鱼类（1～2龄），高龄（3龄）黄鳝多为雄性个体（也存在雌性的情况）。而黄鳝的性别转化受多种因素如温度、光照、性别比例以及饲喂管理等的影响。

传言所称的"养黄鳝用避孕药"，避孕药所含激素为雌激素，用避孕药催肥，只会让黄鳝变小，从生物学角度来看是站不住脚的。此外，黄鳝味觉很好，常拒吃有异味的饲料，使用避孕药还会导致黄鳝抗病能力下降，增加死亡率。

农业农村部水产品质量安全风险评估实验室曾采用高分辨液相色谱质谱仪测定了不同季节、不同地区、不同规格、不同品种、不同养殖环境下的养殖黄鳝中己二烯雌酚、己烯雌酚、雌酮、己烷雌酚、雌二醇、雌三醇、炔雌醇、苯甲酸雌二醇、群勃龙、诺龙、雄烯二酮、勃地酮、睾酮、炔诺酮、美雄酮、甲基睾酮、康力龙、苯丙酸诺龙、丙酸睾酮、孕酮、21α-羟基孕酮、17α-羟基孕酮、甲羟孕酮、醋酸甲地孕酮、醋酸氯地孕酮、醋酸甲羟孕酮、左炔诺孕酮共27种激素（包括了目前所有避孕药的有效成分）的残留情况，均未检出。这说明黄鳝在养殖过程中没有使用避孕药。

市场上会有这么"肥大"的黄鳝，是由于随着现代水产新品种选育技术的发展，进入养殖阶段的黄鳝都是经过精心选育的生长速度快、抗病能力强的品系，养成后较一般的黄鳝个体就显得相对"肥大"一些。

事实上，任何进行科学的人工养殖的水产品种因为饲料等食物来源更为充足稳定，其生长速度都明显快于野生环境下的水产品，个体也都相对"肥大"一些。

52

皮皮虾里会有寄生虫？

流言

　　曾经有一段关于"皮皮虾体内有寄生虫"的视频引发大量关注。视频中，有人撕开皮皮虾的颈部，挤出一小团白色物体，称这是"皮皮虾体内的寄生虫"。此外，网络上还曾流传过"皮皮虾注胶"的谣言视频，只不过主角从雄虾换成了雌虾，有女子从皮皮虾背部拆出一条比较硬的、红棕色的东西，称其被"注胶"。

　　专家表示，视频中所谓的白色物体实际上是雄性皮皮虾的生殖腺。除了皮皮虾外，龙虾、海蟹里也有生殖腺，很多人将其当成虫子或者垃圾扔掉，其实其味道和营养价值都不错。

　　而"皮皮虾注胶"的谣言视频中，所谓的皮皮虾体内的"胶"是雌性皮皮虾尚未成熟的虾籽煮熟后的样子。

　　皮皮虾的繁殖期为4—9月，盛期在5—7月，在繁殖季节，有很多带籽的，也有很多带精巢的，无论是棕红色的虾籽还是白色的精巢，究其本质，都是皮皮虾的性腺在发育过程中出现的正常现象。

53

水产品会传播新冠病毒？

流言

在新冠肺炎疫情防控期间，不断出现"鱼类感染新冠病毒"的说法。

真相

　　针对"鱼类感染新冠病毒"的说法，中国疾控中心专家表示：三文鱼等水产品检测出新冠病毒，是因被病毒污染而不是感染；目前新冠病毒只会感染哺乳动物，其病理影响主要集中在肺部，没有证据证明鱼类可感染新冠病毒。水产品在捕捞、宰杀、运输、销售、加工的各个环节，都有可能被新冠病毒污染，但新冠病毒不可能感染鱼类。因为病毒感染宿主需要有细胞受体，鱼的细胞没有与人类细胞相同的对新冠病毒易感的受体，而且鱼没有肺，因此不会感染新冠病毒。

　　冠状病毒具有相对严格的宿主特异性，只能感染天然宿主和亲缘关系极其相近的宿主。迄今为止，全世界范围内尚未发现有鱼类感染新冠病毒。一方面是因为人和鱼类的亲缘关系远，另一方面是两者的生存环境介质差异巨大。水产养殖动物，包括鱼类，不可能是新冠病毒的中间宿主。

　　因此，水产品是健康的，食用水产品是安全的，水产品不可能也不会传播新冠病毒。为了保障食品安全，建议到正规超市或市场选购生鲜产品；加工烹调应做到烧熟煮透，原则是开锅后再保持烹调10～15分钟。螺蛳、贝壳、螃蟹等水产品，尽量避免生吃、半生吃、酒泡、醋泡或盐腌后直接食用的方法。

54

吃一口鱿鱼相当于吃四十口肥肉？

流言

有说法称："每100克鱿鱼的胆固醇含量高达615毫克，是肥肉胆固醇含量的40倍，也就是说一口鱿鱼等于40口肥肉，高血脂、高胆固醇血症、动脉硬化等心血管病及肝病患者应慎食。"

　　鱿鱼是否真的含有如此高的胆固醇？吃鱿鱼真的会使胆固醇升高吗？还能不能放心吃鱿鱼？

　　首先，鱿鱼确实胆固醇含量较高。《中国食物成分表标准版（第6版）》数据显示，每100克鱿鱼（鲜，中国枪乌贼）可食部分中含胆固醇268毫克；每100克鱿鱼（干，中国枪乌贼）可食部分中含胆固醇871毫克。相比之下，100克猪肉（肥）含胆固醇109毫克，肥肉含水分8.8%，换成干重，大约是119.5毫克。由此可见，鱿鱼的胆固醇含量确实高于肥肉，但并没有40倍那么大的差异，所谓"吃一口鱿鱼相当于吃四十口肥肉"的说法并不准确。

　　其次，虽然鱿鱼胆固醇含量较高，但与蛋黄相比含量并不算高，而且鱿鱼的可食部分含有丰富的牛磺酸。研究表明，牛磺酸具有抑制血液中胆固醇的积蓄、降血脂、防治动脉硬化等功能。

　　最后，胆固醇是人体所需的营养成分，有高低密度脂蛋白胆固醇之分。过量食用低密度脂蛋白胆固醇会对动脉造成损坏，而高密度脂蛋白胆固醇具有清洁动脉的功能。根据研究结果，鱿鱼所含胆固醇以高密度为主，食用无害。同时，鱿鱼所含胆固醇可以完全参与人体代谢而不会积蓄到血液中，不必担心吃鱿鱼会导致体内胆固醇增高。

　　总体而言，鱿鱼中虽然胆固醇含量较高，但鱿鱼的脂肪含量低，蛋白质含量丰富，和肥肉相比是一种营养更好的食物，只要每次不吃过多，注意食品卫生即可。

55 ▸▸▸▸▸▸

虾蟹与维生素C同食会导致砷中毒？

有几个流传已久的说法，让很多人不敢放开肚子吃："螃蟹＋番茄＝砒霜""虾和橙汁不能一起吃"。这些说法中的核心理念就是维生素C含量多的食物诸如番茄、橙汁、维生素C含片和虾蟹同食相当于吃砒霜。

在这些流言中，都宣称"虾、蟹体内含有毒性不大的五价砷，而在维生素C的作用下，会发生反应成为砒霜的成分——三价砷"。

流言

事实会如何呢？先来科普一下：

砒霜的主要成分是砷，它的形态为三价砷（As^{3+}）。砷的形态可以分为有机砷和无机砷。有机砷的毒性相对较低，如甜菜碱(AsB)、一甲基砷(MMA)、二甲基砷(DMA)。真正有毒的其实是它的无机形态，无机砷主要包括三价无机砷（As^{3+}）、五价无机砷（As^{5+}），三价无机砷即砒霜的毒性要强于五价无机砷。

按照我国食品安全国家标准规定，水产动物及其制品(鱼类及其制品除外)中无机砷含量不得超过0.5毫克/千克，如虾、蟹；而鱼类及其制品不得超过0.1毫克/千克。

也就是说，自然界中的很多物质本身也会带有一定量的无机砷，只要在合理范围内，就是安全的。

就虾蟹而言，其中存在的砷绝大部分是有机砷，如螃蟹中甜菜碱的含量比较高，但基本没有五价砷、三价砷，无机砷含量远小于0.5毫克/千克。

那么，番茄、维生素C含片、橙汁和虾蟹同食，维生素C真的能将五价砷还原成三价砷吗？浙江省疾病预防控制中心理化毒理所的模拟实验显示：虾蟹体内虽然含有少量无机砷，但五价砷并不能被食品中的维生素C还原转化成三价砷。所以，虾蟹和番茄、橙汁可以混搭着一起吃。

实际上，按化学性质，维生素C能把五价砷还原为三价砷，但两者需要一定的条件和剂量才会发生反应。科学实验证实，假设人体是还原反应的场所，被吃进肚子里的五价砷全部还原为三价砷，起码一次要吃50千克以上的虾蟹，再加上巨量的维生素C，才会产生毒性。就普通人日常的食量来说，量少不会产生危害。

56 ▶▶▶▶

海带汤可以解酒？

小酌怡情，节日的气氛确实可以因为酒而被烘托得更有韵味，但是喝酒之后的不适感也是实实在在的。民间关于解酒饮料一直流传着多种说法：茶水、蜂蜜水、海带汤、绿豆汤……究竟哪一个才真正能起到解酒的作用呢？

真相

大量研究表明，过量饮酒会引起身体的不适。其中，某些人在喝完酒后会面部通红，俗称"上脸"。造成这种现象的原因，是酒类中的酒精产生的作用。喝酒上脸的人，一般其体内乙醛脱氢酶活性较低，无法及时将酒精代谢后产生的毒性较大的乙醛及时转化为毒性相对较低的乙酸。乙醛可以引起毛细血管扩张，从而导致面部皮肤发红。此外，酒精还是一种中枢神经抑制剂，表现为先兴奋后抑制，这也就解释了很多人喝酒时从口若悬河到东倒西歪的过程。

而最为常见的一种不适是"上头"，表现为喝酒后产生的头痛、恶心、口渴等症状。这是由于市面上销售的各种酒类，不论是啤酒、果酒，还是烈性酒，都是成分十分复杂的混合物。除了含量最多的酒精和水之外，还含有各种醇类物质、醛类物质等，这些物质同时扮演了天使与魔鬼的角色。一方面，它们本身以及它们的代谢产物是酒类香气的重要来源；另一方面，它们是导致喝酒上头的一个重要原因。此外，喝酒时的环境、心情等因素也可能会加剧或减弱上头的情况。

酒精是一种中枢神经抑制剂，所以有些人会使用茶、咖啡等饮料解酒，希望利用这些饮料中的咖啡因的兴奋作用解酒或醒酒，但这其实是治标不治本的做法。而且，咖啡因还有利尿的作用，加速了将乙醛引入肾脏的过程，从而给肾脏带来负担。所以，饮茶解酒并不可靠。对于绿豆汤、海带汤的解酒效果，目前尚没有太多可参考的研究证据，推测其作用主要来自其中的水分，而这与大量饮水的作用可能并无区别。此外，蜂蜜水也是被广泛提及的解酒饮料。蜂蜜的主要成分之一果糖，在体内有一定的促进酒精代谢的作用，但喝几杯蜂蜜水的解酒效果甚微，而且对于醉酒后出现的头晕、恶心等症状，也难以起到立竿见影的作用。

适合酒后的食物和饮品，多水分、易消化是关键。水本身就可以被看作是一种解酒剂。酒后多喝水可以促进、加速酒精物质通过尿液、粪便以及汗液排出体外。在饮酒后食用含水量丰富的水果蔬菜以及稀粥、汤面等食物也是遵照类似的原理。此外，蔬菜水果可以补充维生素C，而吃一点软烂的食物也可以缓解酒精对胃肠道黏膜的刺激。

需要特别提醒的是，酒精早已被列为一级致癌物，喝酒没有"度"，最好不要喝。儿童和青少年、孕妇和哺乳期妇女以及高血压等慢性病患者，更要严格禁止饮酒。

大闸蟹性寒，女生最好不要吃？

流言

由于大闸蟹生活在水里，而且一般都是秋季上市，所以民间一直有说法称大闸蟹是寒性的，女人尤其孕妇不能吃。

真相

在现代营养学里，并没有寒性、温性或者热性食物的说法。食物对人体的益处，从营养学的角度，主要是看营养成分组成。每一种营养成分都会发挥不一样的作用，大闸蟹也一样，它的肉和蟹黄、蟹膏都有各自的营养特点，对于人体也有不一样的营养价值。

蟹黄、蟹膏都含有丰富的多不饱和脂肪酸，尤其是对孕妇和胎儿有益的DHA。蟹肉也有很高的营养价值，蟹肉的蛋白质含量比较丰富，高达18.9%，脂肪含量只有0.9%，是一种典型的高蛋白、低脂肪的肉类。因此，传言称"大闸蟹是大寒食物，女人尤其孕妇不能吃"，这种说法没有科学依据，并不可信。

不过，孕期吃大闸蟹确实需要注意，如果怀孕前吃蟹就容易肚子疼、腹泻，那么很可能属于过敏或者肠易激综合征（IBS）人群，建议有这种情况的孕妇还是不吃大闸蟹为好。

同时，大闸蟹虽然好吃，但也不要贪嘴。吃大闸蟹的时候一定要加热彻底再吃，小心寄生虫。

58

受伤之后，不要吃海鲜？

流言

羊肉、海鲜等食物常被称为"发物"，受伤后忌食发物的"常识"在民间也广为流传，很多人都认为，这些"发物"会让伤口不易愈合。

事实上，没有充分的科学证据证明"发物理论"正确。无论是在经典医学典籍，还是在现代临床医学或营养学方面的书籍中，都没有相关的记载，更未见关于吃羊肉、海鲜会影响伤口愈合的报道。

身体受外伤后，伤口愈合的过程比较复杂，受多种因素影响，大致可分为内因和外因两大方面。内因主要是受伤者的身体状况，如果受伤者本身营养不良、免疫力低，或患有某些代谢性疾病等，都会影响伤口的愈合速度。而外因则包括更多，其中以由病原体和伤口异物等引起的感染对伤口愈合的影响最大，但海鲜等食物并不在外因之中。

与谣言相反的是，现代医学认为外伤病人作为特殊人群，在伤口愈合过程中身体需要消耗更多的蛋白质，适当提升优质蛋白质的摄入，有助于提升身体的自愈能力。在临床上，也会建议外伤或术后患者在饮食上应适当增加优质蛋白质的比例。海鲜类食物多富含优质蛋白质，因此有利于伤口愈合。另外，一些深海鱼类还富含长链多不饱和脂肪酸（如EPA、DHA），有助于创伤患者修复神经系统，调节炎症免疫反应。

由此可见，安全食用海鲜不仅不会延缓伤口愈合，其富含的优质蛋白质更有助于提升身体免疫力，促进伤口愈合。而受伤后是否需要食用海鲜，建议根据个人情况并遵医嘱而定；同时注意食品安全，从正规渠道购买海鲜，并充分煮熟后再行食用。

59

鸡蛋和海鲜不能同食？

常有人说，鸡蛋和海鲜一起吃会加重肾脏负担；也有人说，胆固醇高的人不能吃海鲜，也不能吃鸡蛋，因为虾贝类和鸡蛋胆固醇含量很高。

流言

真相

如果鸡蛋和海鲜不能同吃，福建著名美食蚵仔煎就不会流传至今了。实际上，鸡蛋与海鲜不能同食的说法是错误的。

首先，鸡蛋与海鲜都是优质蛋白质食物，也是人体必需氨基酸的来源，富含维生素和矿物质等，营养比较全面，无论是对于儿童、孕妇还是老年人都是特别不错的食物选择。

其次，鸡蛋与海鲜都属易消化和吸收的食物，同食并不会相互影响，更不会产生有毒有害的物质。正常情况下，也不会对肝脏和肾脏产生任何影响。

至于胆固醇的问题，营养专家指出，胆固醇高的人更应注意饱和脂肪酸高的肉类及其他食物。因为，食物中饱和脂肪酸对胆固醇的影响，远比食物本身所含胆固醇大得多。

营养界一般会用"胆固醇、饱和脂肪指数（CSI）"来衡量食物对胆固醇的影响，而不是单看食物里胆固醇含量。若以这个指标来看，虾、蟹等一般人认为胆固醇高的食物，其实和精瘦猪肉或去皮家禽差不多，而且鱼类、海鲜脂肪含量都很低，还含有有益心脏健康的不饱和脂肪酸。

不过，由于鸡蛋和海鲜都属于高蛋白质食物，鸡蛋的胆固醇含量高，而海鲜的嘌呤含量高，所以过多摄入确实会加重身体负担，尤其是自身存在肾脏疾病或者肾功能不全时，切勿多食。一般来说，成年人每天每千克体重需要1.0克蛋白质。例如，80千克的成年男性，每天则大概需要80克蛋白质。建议每天摄入1枚鸡蛋，每天摄入水产类40～75克。

此外，年龄较低的儿童和某些特殊人群可能存在对鸡蛋和海鲜过敏的情况，在食用的时候一定要注意。

总的来说，鸡蛋和海鲜都是非常健康的食材，生活中可以根据个人饮食习惯合理选择，注意均衡饮食，不过量食用某一种食物。

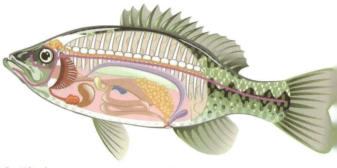

生吃鱼胆能清肝明目和消火？

长期以来民间流传着这样一个传说：生吃鱼胆、蛇胆能够清肝明目、治疗眼病、增强视力。

流言

真相

生吃鱼胆治病无依据，滥用中毒案例则时有发生。特别是在湖南、湖北等地，每年冬天都有人（特别是老年人）吃草鱼、青鱼的鱼胆，结果不但没有治好病，还因为鱼胆中毒，造成肝、肾功能损害。

据中南大学湘雅医院急诊科医生介绍，每年急诊科都会接诊好几例因吞食鱼胆中毒的患者，以五六十岁的中老年人居多，大多数人是因为听信"偏方"，认为鱼胆能清热解毒才导致了中毒。

专家提醒，鱼胆毒素进入胃肠道后首先到达肝脏，由肾脏排出，在肾脏浓度最高，故可引起肝、肾功能的严重损害，中毒后如果抢救不及时，就会引起多器官功能衰竭，最后导致死亡。其中，以少尿型急性肾衰最为常见。

吃了鱼胆中毒，是因为鱼胆的胆汁中含有胆汁酸、组胺、鲤醇硫酸酯钠及氰化物等多种生物毒素，具有细胞毒作用，可使细胞变性或坏死。此外，这些有毒物质还可刺激机体释放炎症介质和细胞因子，引起全身过度炎症反应。因为胆汁毒素不易被热和乙醇所破坏，所以鱼胆不论生吃、煮熟或泡酒，均可引起中毒。因此，千万不可生吃鱼胆，熟鱼胆也是最好不吃。

鱼胆中毒有啥症状？

鱼胆中毒起病急，可在食后1～3小时发病。食用鱼胆后，毒素经消化道吸收，中毒者通常最早出现消化道症状，如恶心、呕吐、腹痛、腹泻等；毒素经消化道吸收后通过门静脉系统进入肝脏，可引起肝细胞变性、坏死，转氨酶升高；毒素主要由肾脏排出，导致近曲小管上皮细胞急性大量坏死，肾间质水肿，集合管堵塞，出现少尿、无尿，严重者发生肾衰竭。鱼胆中毒还可损伤脑细胞和心肌细胞等，造成神经系统和心血管系统等多器官功能障碍。

遇到鱼胆中毒时怎么办？

首先要立即催吐。鱼胆中毒性物质吸收较缓慢，确诊后应立即给予清水洗胃，服用72小时内有消化道症状者，均有洗胃必要。

同时，给予纠正脱水和电解质失衡、控制抽搐、抗感染等对症治疗，可使用保护胃黏膜药物及肾上腺皮质激素，禁用对肝肾有损的药物。

鱼胆中毒尚无特效解药，应尽早选择或联合性应用血液透析、血浆置换以及血液灌流等一系列血液净化方法以应对继发的肝、肾衰竭，弥散性血管内凝血等严重并发症。其中，急性肾衰竭是鱼胆中毒最常见最严重的并发症。

鱼胆中毒必须尽早进行血液净化治疗，以清除生物毒素及多种炎症介质。鱼胆中毒以肾功能损伤为主，透析越早，肾功能恢复越快。

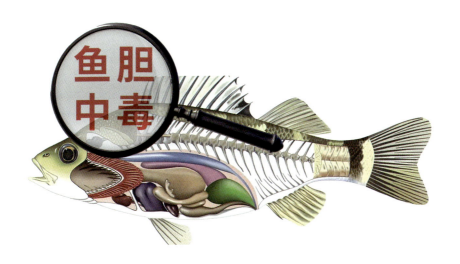

61 ▸ ▸ ▸ ▸ ▸ ▸ ▸

吃虾皮能补钙？

据相关资料显示，每100克虾皮中含钙量高达867.6～2671.9毫克，远超牛奶、豆浆等食品含钙量，因此味道鲜美、价格实惠的虾皮在民间素有"钙库"的美称，经常被用来"补钙"。

流言

实际上，虽然虾皮钙含量高，但补钙效果并不好。

首先，每次食用虾皮的量很小，"钙含量"也非常少。晒干后的虾皮比较轻、重量小，再加上虾皮通常味道比较咸，常作为饭菜的配料，每次的食用量一般不会超过10克。所以，尽管虾皮中钙的含量比较高，但每次食用时能从虾皮中摄取的钙量却很少。

其次，虾皮不好消化，钙吸收率较低。由于虾皮的质地较硬，牙齿和胃部很难将虾皮充分磨碎，即使经过胃酸作用，也仅能溶解出其中的一小部分，大部分的钙仍会随着食物残渣排出体外。同时，虾皮中所含的钙质主要是复合物型钙质，不易被人体吸收。

再次，由于虾皮中不含维生素D，钙的吸收利用率很低，所以单吃虾皮不能完全补钙。

最后，虾皮中钠含量偏高。资料显示，每100克虾皮中，钠含量高达5 057.7毫克，约相当于12.6克盐。《中国居民膳食指南（2022）》建议，成年人每天摄入食盐最好不要超过5克。过多食用虾皮，可能出现高钠血症、诱发高血压，甚至危害中枢神经系统等。因此，为了补钙而多吃虾皮，反而有可能得不偿失。

红枣与虾皮同吃会中毒？

曾经，网络上一篇名为《老人吃红枣中毒过世！吃红枣千万不能搭配它！》的文章，引起大量网友转发。

文章写道："千万不要把红枣和虾皮一起吃，一位老奶奶爱吃红枣，有一天突然口吐白沫，去医院检查是因为红枣和虾皮同吃，产生了类似砒霜的毒素。"此外，文章还讲述了红枣和动物内脏、牛奶以及食物相克的"真实案例"。

流言

实际上，在营养学和食品安全理论中，并没有食物相克的说法，至今也未发现真正因为"食物相克"导致的食物中毒案例及相关报道。

红枣主要含有维生素C和β-胡萝卜素，如果红枣与海鲜中的砷能产生砒霜中毒，那么至少一次吃下150千克虾，才有机会产生有毒害作用的砒霜。事实上，海产品中有机砷绝大部分是稳定的，微量的无机砷在体内很快就会被代谢出去，并不会跟维生素C反应生成砒霜。

同时，谣言文章中还提到红枣和动物肝脏同吃会破坏维生素，肝脏内主要含有维生素A和维生素B_2，与大枣中维生素C以及β-胡萝卜素之间不会产生作用，又怎么会相互破坏呢？另外，维生素C和蛋白质发生絮凝反应需要酸性环境和高剂量的条件，即使达到条件产生反应，也并不影响在胃里的消化吸收。因此，红枣和牛奶一起吃不会影响蛋白质吸收。

63

餐桌上的蛙全靠膨大剂养大？

流言

曾经，网上流传一段"青蛙被喂膨大剂"的视频，并称餐桌上的青蛙就是这么养出来的。

真相

实际上，"膨大剂"是用于植物的，蛙类养殖不可能使用"膨大剂"，而是使用膨化饲料。膨化饲料是将原来的颗粒饲料放在高温高压环境中，骤然降压后形成一种蓬松多孔的饲料，这种饲料加工过程是物理变化，和"催长"没有任何关系。

膨化饲料的优点很多。例如，适口性好；成品有各种沉降速度，如浮性、慢沉性和沉性，以满足水产动物不同生活习性的要求，减少饲料损失，避免水质污染；还可以使饲料含水率降低，便于长期储存等。

64 ▸ · · · · ·

吃小龙虾得"哈夫病"是真的吗？

流言

夏季，小龙虾是人们宵夜的最爱之一，每年在吃小龙虾的旺季，总会出现"吃小龙虾易得'哈夫病'"的说法，并引发大量关注和讨论。那么，这个说法是真的吗？

真相

所谓"哈夫病"，是指在食用鱼类产品24小时以内发生的横纹肌溶解症。典型症状为肌肉痛、乏力、呼吸困难、恶心呕吐、肌肉强直、震颤、触痛、肢体麻木、胸背部疼痛等，严重者可能出现酱油尿、黑色尿。1924年该病在欧洲被首次发现，1932年瑞典出现了类似病例，美国、巴西、日本等也都有过零散报道。目前，它的病因还不完全明确，世界各国均偶有发生。

事实上，小龙虾和哈夫病之间并没有必然联系。除了吃小龙虾，吃海鱼、淡水鱼都出现过类似案例。低钾或服用某些控血脂他汀类药物、某些中药等都可能会造成横纹肌溶解。

横纹肌溶解综合征常见于剧烈运动后或服用一些特定药物引发，而吃小龙虾导致的案例较为少见。截至目前，究竟是小龙虾中哪种物质导致这一疾病，尚未明确，但专家预计，与水灾过后水质变差有一定关联。

既然食用小龙虾与哈夫病没有必然联系，那是否代表小龙虾可以随便吃？专家表示，从我国实际报道病例来看，大多数哈夫病的发生和饮酒有关，尤其小龙虾加饮酒发病的概率非常高。因此，食用小龙虾时，需谨慎饮酒。

同时，切勿购买、进食街头流动摊贩售卖的、来源不明的、野生的小龙虾；如有条件，先在清水中浸泡一段时间，将鳃部、肠道等去除后再进行烹饪；烹调时，务必烧熟煮透；尽量不食用头部虾黄等部位；如果想食用小龙虾，还是去一些比较正规的餐饮店，在家烹饪一定要烧熟煮透。如果在剧烈运动或者食用海鲜、小龙虾后，出现肌肉酸痛、肌无力及腹痛、腹泻、恶心等症状应当及时就医，并主动告诉医生相关情况。

伍

五　吃货的四季

品鉴指南

65

春季水产品品鉴指南

很多人知道什么季节该吃何种果蔬，却很少有人清楚各类海鲜的最佳供应时间。其实，吃海鲜也讲究应季。比如，春天带鱼肉质佳，秋季对虾口感好，跟着季节吃海鲜，一年四季都能吃到新鲜、营养、美味的水产品。

带鱼：春天产量大

我国沿海的带鱼可分为南、北两类，均在春季出现渔汛。秋季北方带鱼会出现第二次渔汛，南方带鱼则要等到冬季出现冬汛。

带鱼营养价值较高，每100克含17.7克蛋白质、4.9克脂肪、29微克维生素A。带鱼价格"亲民"，是性价比很高的海鱼。

带鱼一般用来清蒸、红烧、干煎，清蒸清淡少油，比较健康。

鲳鱼：春夏之交最应季

在东海，一年四季都可捕捞鲳鱼，春夏之交鱼群产卵洄游时，是最佳捕捞时节。

鲳鱼骨少肉多，每100克含蛋白质18.5克、脂肪7.3克，脂肪酸多为不饱和脂肪酸；其钾含量也较为丰富，每100克含钾328毫克，有

助于降血压。

鲳鱼常见做法是清蒸、香煎、红烧，用它做粥可益胃健脾。

春雨稀、虾蛄肥

春季是品尝"网红美食"皮皮虾的饕餮季，这个时期出产的皮皮虾肉质都比较饱满，营养也是全年中最高的，要是错过了，就得等下半年了。

皮皮虾蛋白质含量20%，脂肪含量0.7%，富含维生素、虾青素、氨基酸等营养成分，还含有较高的钙、镁、磷等元素，氨基酸组成合理。

皮皮虾肉质肥美鲜嫩，家里烹调也很简单，椒盐味、盐水煮和香辣皮皮虾都是常见烹饪方法。

海虹：开春第一海鲜

春季的海虹肉质肥美，由于海虹的生长周期与春季相适应，很多人将其视为春季的代表之一，也将海虹作为开春必吃之物。

海虹不仅含有丰富的蛋白质和氨基酸等营养成分，同时也具有低脂肪、低胆固醇等特点，是一种美味又健康的食品，被誉为"海中鸡蛋"。

海虹最常见的做法是清蒸海虹、糖醋海虹、砂锅海虹、蒜蓉蒸海虹等。其中清蒸海虹是最受欢迎的一种吃法，可以完全保留海虹的鲜美味道和营养成分。

生蚝：又是一年"蚝"春光

牡蛎俗称生蚝、海蛎子，从冬至到次年清明是最肥美的时候，而5—8

月则忙于繁殖后代，肉味不佳。

牡蛎被誉为"海中牛奶"，每100克含镁65毫克、硒86.64微克、锌9.39毫克，其中锌对维护味觉、保护免疫力意义重大，而牡蛎正是含锌量较高的食物之一。

小小的贝壳，牢牢占据着宵夜江湖的主宰地位。清蒸、蒜蓉、焗烤……肤白如雪的生蚝，只需要略微加热，就能散发出美味的诱惑力。

鳜鱼：桃花流水鳜鱼肥

鳜鱼外表美丽，肉质细嫩，是当之无愧的"春令时鲜"，以三月份桃花盛开时最为肥美，为春季淡水鱼之上品。

鳜鱼不仅味鲜美，其养生功效也相当不错。《本草纲目》记载鳜鱼"可补虚劳，健脾胃，益气力"，很适合体弱无力、脾胃气虚、营养不良的人群食用。现代营养学表明，鳜鱼含有蛋白质、脂肪、钙、钾、镁、硒等营养元素，肉质细嫩，极易消化，适合儿童、老人及消化功能不佳的人。

鲥鱼：把春天吃进肚子里

鲥鱼又叫鰣鱼，肉质细腻，味道鲜美，体型和鲫鱼差不多，鲜味也能和鲥鱼媲美。

鲥鱼洄游季节性较强，对温度的反应敏感，每逢春季至初夏，它们

成群结队地从外海游到河口沿海产卵，即形成"渔汛"。这个时候的鳓鱼最是肥美，油脂多，肉质细腻，味道鲜嫩。

鳓鱼的营养价值极高，其含蛋白质、脂肪、钙、钾、硒均十分丰富。鳓鱼还富含不饱和脂肪酸，具有降低胆固醇的作用，对预防血管硬化、高血压和冠心病等有益处。

鳓鱼食法很多，清蒸红烧皆宜，清蒸当为首选，老舟山的传统做法是三曝鳓鱼。

春天到，鲅鱼跳，丈人笑

年年岁岁花相似，鲅鱼四月要上市。每年春天，谷雨前后开始，到六月结束，这段时间是鲅鱼的渔汛。

春天鲅鱼肉多刺少，味道鲜美，营养丰富，而且肉质坚实紧密，呈锥子状。吃到口里，鲜味突出。

鲅鱼丸子、鲅鱼贴饼子、酱焖鲅鱼、茄汁鲅鱼、鲅鱼饺子、鲅鱼酱等都是美味。

春天是水产品丰收的季节，各式鱼虾贝类都供应充足，食客们可以沉浸式体验舌尖上的春天。海鲜、河鲜同样味美，在春暖花开的季节，尽情享受健康美味的水产品吧。

66 ▸ ▸ ▸ ▸ ▸ ▸ ▸ ▸

夏季水产品品鉴指南

海胆：6—8月最肥美

每年的6—8月是海胆生殖旺季，也是最肥美的季节，所以6—8月是食用海胆的最佳季节。这时将海胆壳掰开，就可看到一个黄色小团，这就是海胆黄。它是海胆的生殖腺，也是精华所在。

海胆不仅味道鲜美，营养价值也很高，海胆黄富含蛋白质、卵磷脂、核黄素等，其中卵磷脂是血液中高密度脂蛋白的重要成分，有调节血脂的作用，有助于防治心脑血管疾病。

海胆可以生吃、蒸蛋。海胆蒸蛋是最简单并广受喜爱的吃法，将鸡蛋的味道融入海胆的鲜味，鲜味十足，入口便是大海的味道。

鲍鱼：七月流霞鲍鱼肥

七月流霞鲍鱼肥，这是民间盛传的美食民谚。七月是鲍鱼的繁殖期，也是最佳捕捞季节。此时的鲍鱼肉质丰厚，性腺发达，最为浑圆肥美，让人垂涎欲滴。

鲍鱼矿物质含量丰富，每100克含钙266毫克、含铁22.6毫克，是补钙和补铁的好食物。另外，鲍鱼钠含量十分突出，每100克含2 011.7毫克，不适合高血压等患者食用。

小龙虾：夏天标配

春末夏初，是小龙虾盛行之时，每年5—6月更是小龙虾集中上市期，而5月下旬至6月上旬价格也处于最低点。因此，夏天最喜欢的食物TOP榜，小龙虾是很多人的"No.1"，吃小龙虾几乎成了夏天的标配。

小龙虾营养丰富，肉质松软，易消化，是高蛋白质、低脂肪、低热量食物，老少皆宜。不过，需要注意的是，虾头、虾壳尽量不吃，食用时也注意控制量。过敏体质、尿酸高、痛风的人群最好不吃或少吃。孕妇、儿童、老年人等抵抗力比较低的人群吃小龙虾时也要多注意一些。

小海鲜：夏日宵夜标配

大海鲜饱眼福，小海鲜饱口福。在夏天的夜晚，小海鲜是宵夜的标配。

花甲、蛏子、螺、蚬子等，无需太多的佐料和技巧，简单的烹饪就能得来极致的味道。

秋季水产品品鉴指南

中国对虾：9—10月口感好

中国对虾每年有两次较大的捕捞汛期，一次是4—5月在黄海、东海的春汛，另外一次是9—10月在黄海、渤海的秋汛。不过，从产量和口感上比较，秋天对虾产量高一些，口感也更好。

中国对虾不仅味道鲜美，还是典型的高蛋白、低脂肪的营养佳品，每100克含18.3克蛋白质，而脂肪仅为0.5克。另外，中国对虾在胡萝卜素、维生素E、镁含量上也不逊色。

为更好地保护对虾的优质蛋白和其他营养，最好采用蒸、煮、涮等简单的低温烹调方式。

螃蟹：中秋吃蟹肉肥膏满

每年中秋时节，蟹体内开始积聚脂肪（生膏）准备过冬，这时捕获肉肥膏满，美味挡不住，最受欢迎的梭子蟹、大闸蟹隆重登场。

紧致细腻的肉质、清新甘甜的口感和肥美丰满的膏黄，让人垂涎欲滴。除了味美，营养还丰富。梭子蟹富含蛋白质，每100克高达15.9克，每100

克还含钙280毫克、硒90.96微克、维生素A 121微克。其中，硒是人体必需矿物质，可抵抗自由基、提高免疫力；维生素A与视觉关系密切，可治疗夜盲症、干眼病。大闸蟹则在必需氨基酸、必需脂肪酸、维生素A、维生素D、维生素E、卵磷脂等多方面的营养价值颇高，其白色蟹肉中，蛋白质含量高达22%～24%，脂肪只有3%～4%，属于高蛋白质低脂肪的食物。

蒸蟹可最大限度保存鲜美之味，吃蟹时最好与姜汁、黄酒、醋配伍，可温中散寒、促进消化；还要趁热食用，冷后不但味腥，而且食之凉胃，可能引起消化不良。不过，蟹不宜吃得过多，一般人食蟹每次不应超过500克，一周不应超过2次。

鲈鱼：金九银十丰收季

我们常吃的鲈鱼有淡水鲈鱼和海水鲈鱼。淡水鲈鱼常见的有大口黑鲈（加州鲈）、河鲈（五道黑）；海水鲈鱼常见的有花鲈，白蕉海鲈即是其中的佼佼者。

每年国庆、中秋节是鲈鱼市场消费高峰，也是年初投放的头苗长成集中起捕上市的时候。

鲈鱼属高蛋白低脂肪食物，其氨基酸种类齐全且必需氨基酸含

量较高，是营养价值较高的水产食物蛋白。其中，大口黑鲈是人体补充EPA和DHA的优质食用鱼类，而经常食用海鲈鱼可有效补充亚油酸和亚麻酸。此外，海鲈鱼和大口

黑鲈含有丰富的矿物元素，是人体摄取和补充钾、钙、锌的优质食物。

鲈鱼肉厚刺少，吃法多样，如清蒸、煲汤、火锅、刺身，均鲜香可口、老少皆宜。

泥鳅：秋风起，泥鳅肥

泥鳅营养丰富，肉质细嫩松软，易消化吸收，风味独特，还有"水中人参"之称，属优质食用鱼。

红烧、蒸、煮、炖，最出名的莫过于"泥鳅豆腐汤"。肉多刺小的泥鳅，物美价廉，不负"天上的斑鸠，地下的泥鳅"的美誉。

冬季水产品品鉴指南

牡蛎：冬至至翌年清明最肥美

牡蛎的吃法多样：炭烤别具一格，海蛎子炒蛋是鲜美的家常菜，炸蛎黄外焦里嫩、香鲜兼备，再喝上一口海蛎子豆腐汤，怎一个鲜字了得！

扇贝：冬天海鲜中的"爆款"

扇贝又称海扇，其干制品"干贝"是我国传统的"海八珍"之一，深受民众的喜爱。肉质细嫩、味道鲜美是扇贝最显著的口感特点，而冬季的扇贝肉质更为肥美，配上蘸料，口感甚是鲜美。

发达的闭壳肌是扇贝全身最好吃的部位，细胞中大量的氨基酸和核苷酸给它带来了充足的鲜甜味，多余的调料和过度的烹调有损它的美味，简单地煎、蒸是最好的选择。

除了闭壳肌外，闭壳肌周围的结构也是可以吃的，比如包裹软组织的外套膜（裙边）味道和口感都不错。橙色（雌）或白色

（雄）的生殖腺和黑色的消化腺中富集藻类毒素和重金属污染物的可能性比较大，需慎重食用。

带鱼：冬至过，年关末，带鱼成柴爿

俗话说："冬至过，年关末，带鱼成柴爿"，并不是说冬至过了带鱼不好吃，而是这个阶段的带鱼像柴爿一样肥厚，最为鲜美，口感最佳。

带鱼的营养价值很高，每100克带鱼含有蛋白质17.7克、脂肪4.9克、糖类3.1克、烟酸2.8毫克、镁43毫克、钙430毫克，热量为127千卡。带鱼表面一层银白色的物质，并不需要刮掉，其含有不饱和脂肪酸、卵磷脂和6-硫代鸟嘌呤等营养物质，去掉反而浪费了。

带鱼肉多刺少，味道鲜美可口，最通常的做法就是油炸和红烧，新鲜的带鱼更适合清蒸。

鲫鱼：冬鲫夏鲤 肉肥籽多

俗话说"冬鲫夏鲤"，立冬后，正值鲫鱼产卵期，肉肥籽多，滋味鲜美。

鲫鱼虽然刺不少，但鱼肉却出奇细腻，味道十分纯粹，尤其适合红烧和炖汤。

鲫鱼的营养价值很高，其肉类含有大量的钙、磷、铁等矿物质，药用价值极高，所含的蛋白质质优、氨基酸种类齐全，易于消化吸收。

在鲫鱼的菜式中，鲫鱼豆腐汤无疑是最家常、最流行的，因为富含悬浮脂肪颗粒，鲫鱼汤透出诱人的奶白色泽，这也被很多人当成评价这道菜是否完美的关键。此外，还有酥鲫鱼、荷包鲫鱼、芙蓉鲫鱼等多种经典吃法。